西方建筑史丛书

当代建筑

[意]保罗·法沃勒　著　周晟　吴江华　译

北京出版集团公司
北京美术摄影出版社

图书在版编目（CIP）数据

当代建筑 / （意）保罗·法沃勒著 ； 周晟，吴江华译. — 北京 ： 北京美术摄影出版社，2019.2
（西方建筑史丛书）
ISBN 978-7-5592-0147-8

Ⅰ. ①当… Ⅱ. ①保… ②周… ③吴… Ⅲ. ①建筑史—西方国家—现代 Ⅳ. ①TU-091.5

中国版本图书馆CIP数据核字（2018）第124608号
北京市版权局著作权合同登记号 ： 01-2015-4551

责任编辑 ：耿苏萌
助理编辑 ：李 梓
责任印制 ：彭军芳

西方建筑史丛书

当代建筑
DANGDAI JIANZHU

[意]保罗·法沃勒 著

周晟 吴江华 译

出 版 北京出版集团公司
　　　 北京美术摄影出版社
地 址 北京北三环中路 6 号
邮 编 100120
网 址 www.bph.com.cn
总 发 行 北京出版集团公司
发 行 京版北美（北京）文化艺术传媒有限公司
经 销 新华书店
印 刷 鸿博昊天科技有限公司
版印次 2019 年 2 月第 1 版第 1 次印刷
开 本 787 毫米 × 1092 毫米 1/16
印 张 10
字 数 108 千字
书 号 ISBN 978-7-5592-0147-8
定 价 99.00 元
如有印装质量问题，由本社负责调换
质量监督电话 010-58572393

目录

引言

战后重建的诉求在意大利、法国、英国、德国与荷兰引发了建筑界，尤其是住宅建筑领域中一场规模浩大的研究、设计和建造热潮，这些工程具有周期短、质量高、建筑语言丰富等特点，且每个国家的解决方案各有千秋。在没有经历过战争破坏的美国，活跃着一批来自欧洲的建筑大师，他们致力于现代建筑语言的推广，而弗兰克·劳埃德·赖特这位最后的美国建筑巨匠，仍然保持其作品的特立独行、与众不同。

20世纪50年代后欧洲建筑舞台上还有两位大师：阿尔瓦·阿尔托和勒·柯布西耶。前者强调建筑与地点的相关性，后者主张因地制宜的绝对建筑，他们都是创新建筑的缔造者。勒·柯布西耶在巴西、美国与印度的作品，以及他对日本建筑的影响，处处流露出全新的建筑语言，冲破了几个世纪以来的传统风格。20世纪60年代在英国和日本兴起的乌托邦建筑和城市规划激进运动，深深影响了粗野主义和建筑高技派，并逐步席卷很多地方。不论是路易·康的绝对古典、超自然建筑，还是最后的表现主义代表人物汉斯·夏隆足以领跑极简主义和解构主义的作品，无不展现出极富个人魅力的建筑语言。

伴随着20世纪80年代的各地如火如荼的城市形象探究，人们的视野开始转向富有代表性的建筑物，新科技与新材料的助力使各种建筑构想得以实现。从后现代到高技派，从极简主义、解构主义到享乐主义，建筑明星为了让他们的作品获得更高的辨识度，势必要锐化自己的建筑语言，以期从百花争艳中突围而出。

4页图

路德维希·密斯·凡·德罗，新国家美术馆细部，1962—1968年，柏林，德国

密斯对无墙建筑的渴望在柏林国家美术馆中得以实现。用柱子支撑起的黑色屋顶，结构清晰可见，通体墙壁则以玻璃幕墙建造。对无限空间的追求在密斯的作品中时有体现：从玻璃幕墙的摩天大楼，到范斯沃斯住宅及至这件作品中消失的墙壁，建筑成为一个水平平行柱上的罩着的透明外壳。

重建

　　1945 年，第二次世界大战接近尾声，诸多欧洲国家将要应对的是一系列新的重大问题：重建遭受战争破坏的地区和建筑（住宅、工厂以及车站）；努力应对快速而无序的大规模人口城市化进程；对残存建筑进行改造，使其在质量和技术上满足当代的需求。每个国家都拿出了一套自己的解决方案。

　　意大利政府启动了一项特别的公共建设规划（1949—1963 年在全国范围内开展的范范尼计划），将市郊纳入城市居民区范围，以便为那些在大型工厂工作的进城工作人员提供居所，随之而来的还有一套教育设施建设方案。由于工程需求量大、时间紧，以及建筑领域从业人员水平较低，当时的建筑品质不足为道，更欠缺国际视野，囿于对本地营造模式（有文化上的原因）和建筑语言的简单仿效，即便是马泰拉市郊村镇拉马特拉这样的重要项目也难以幸免。

　　在法国，每个城市都交由一位建筑师全权负责当地的重建工程，他们进行了细致精准的规划设计，有的取得了卓著的成果——比如贝瑞的勒阿弗尔市重建项目；也有的不为市民、工会、政党及行政部门所接受——比如勒·柯布西耶的孚日圣迪耶计划。在原来被炸毁的市中心地区，一座座新楼拔地而起；市郊的配套设施建设让郊区生活摆脱了对城市的依赖。

英国的做法与众不同，他们仅仅重建了市中心遭到破坏的区域。新城市的扩建计划折射出英国对花园城市的文化思考，为超大城市建设提供了解决方案。独立的新城配有各项基础设施，在大城市周围呈环状分布。17 年间一共诞生了 18 座这样的城镇，它们的规划布局统一，市政·商业步行区皆位于市中心区域，而城里的住宅区则各有不同，也都只在小区外围铺设道路，此外，还有大片绿化区及工业区：整个建设工程质量良好，充分展现出英式经验主义的成果。未受战争破坏的瑞士和丹麦即效仿了这种模式。

荷兰在重建被毁的城市中心时没有重复它们的历史，而是采用全新的规划方案，尤其是在鹿特丹，中心城区通过填海造地得以扩张，城市住宅区的设计出自一个一流的建筑学派之手，各种不同类型的建筑，经合理化设计后有机地组合在一起，并利用公共空间流畅地加以连接，使之成为一套完整的、具有代表性的城市规划模板。被战火夷为平地后的德国采取了截然相反

下图

安德烈·吕夏，法国圣丹尼斯一处住宅区，1950 年

法国重建部部长克劳迪乌斯－伯蒂视察重建工程，支持现代建筑及技术创新，他把每座城市交托给一位建筑师。吕夏是现代建筑国际代表大会（CIAM）的创始人之一，也是功用主义的先驱，圣丹尼斯是他的作品之一。

的做法，他们计划用"原址复建"的方式重现古城中心原貌，试图以战前的哥特式和巴洛克式建筑以及历史中心作为德国风貌的标志。城市设计中"现代"的一面体现在知名建筑师打造的居住区中，比如柏林的汉莎街区（1957年），但这套设计样板对其他的新建住宅区影响甚微，后者仍沿用战前的，特别是德国式的理性主义设计原则。

1942年，意大利通过了一项杰出的城市规划法案，但却未能实施。深谋远虑的英国颁布了一套关于土地使用和新城市建设的法律体系（1942—1946年）。意大利、法国、荷兰、德国和英国都是在战争中遭受严重破坏的国家，而其他无须考虑重建问题的欧洲国家则游离在这场建筑革命之外。

上图

路易吉·卡罗·达内里、尤金尼奥·佛塞利与奎奇堡，又名"大蛇"社区，1958—1964年，热那亚，意大利

加斯贝利总理执政期间，在范范尼住宅计划范围内建造的居民区。其主体建筑长度超过1000米，沿等高线蜿蜒而生；建筑类型和形态上的灵感都源于勒·柯布西耶。它像热那亚城市上方围起的一道城墙；建筑整体面向南方，坐拥旖旎风景。

意大利

战后的意大利呈现出若干关联性问题：重建被战争破坏的建筑物，这部分比例不高——占全国总资产的 5%，但从数量上来看仍然非常可观（超过 100 万个居住单元，容纳了双倍的居民）；修缮和改造现存建筑，这部分建筑在数量上要远远高于被毁建筑，它们又老又旧、没有卫生设施且异常拥挤。在一个尚处在农业社会的国家里，大规模的国内移民从威尼托大区和南部地区拥向皮埃蒙特和伦巴第这样的工业化地区，随之而来的是居住空间和服务设施的匮乏。当出现一个，可能是唯一的一个，能够提升大、小城市中心区域规划设计质量的机会时，国家却在一心搞建设，忽略了城市整体布局。1949—1963 年，由意大利忠利保险公司公共住宅项目组（INA-Casa）推行范范尼计划，在两个七年计划期间，全国各地大兴土木，建成 200 万个居住单元，解决了 35 万人的住房问题，省一级居住用房的后续管理交由专门机构负责。虽然城市规划法已于 1942 年出台，但在城市或其他任何居住中心区域的扩建项目，以及所有非公共建筑的建造中，投机现象无处不在。这种现象在意大利要比在任何其他欧洲国家都来得严重，也是因为意大利特殊的历史背景和脆弱的地理环境：不单是阿格里真多地震和威尼斯、佛罗伦萨洪水这样的灾难事件，意大利的大部分地区都发生过自然灾害，造成无法修复的伤害。重建工程由于时间仓促，加之投机现象的影响，建筑材料和建筑设计质量不堪一击，新晋建筑师寥寥无

下图

路多维克·夸罗尼，拉马特拉区一处住宅和教堂，1951—1954 年，马特拉，意大利

该住宅区实际上是一个自治村，为了接纳"马特拉洞窟居民"而设计建造，在当时被视为典范。它的住户都是农民，因此建筑师们设计了乡村式的房屋和一座传统风格的教堂，两者之间有一定的距离，几乎像是一座花园城市。

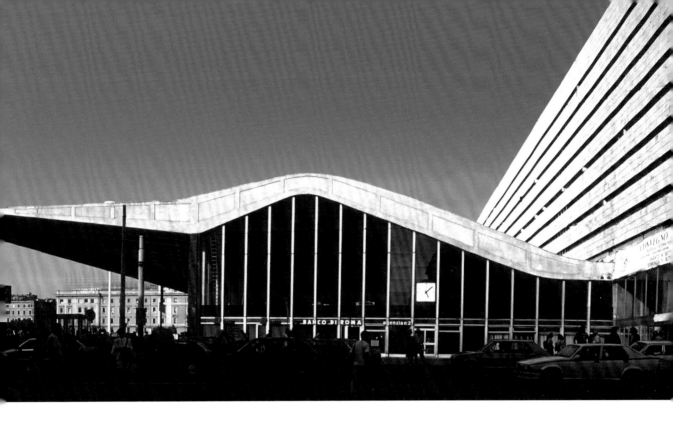

几，更谈不上有多么重要的国际影响力。

倒是有几个街区脱颖而出：比如都灵的法尔克拉区（1951年之后）、那不勒斯的彭蒂塞利区（20世纪50年代）、罗马的蒂布蒂诺区（1955年），以及在第八届三年展（1957年）之际设计建造的米兰QT8区，它也是唯一引入欧洲元素的地区。

最有意思的要数伊夫雷亚和圣多纳托米拉内塞这两座工业新城的落成。企业家阿德里亚诺·奥利维蒂梦想为他公司的管理层、职员和工人建造一个"社区"。他在伊夫雷亚城外打造一片新天地（战前该项目已经启动），起用知名建筑师和一些新晋建筑师，甚至用实验性的方式来设计办公室、住宅、工厂、学校和酒店。这个街区具有重要意义，并不只是因为它的规划布局，它代表了意大利建筑制造水平的一次飞跃。恩里克·马太在圣多纳托米拉内塞为埃尼集团的员工建造了一座"天然气城"，其中包括住宅楼、办公楼、实验室以及各项配套设施：它在设计上合理地参考了德国的几何形模式，是一座真正的花园城市。新现实主义建筑最普遍的标准是对大众、乡村和郊区环境的直接仿照，它与抽象造型截然不同，似乎这才是最纯正的建筑，能够让一个国家的建筑、类型和形象传统与新的功能性要求和解决方案相调和，意大利文化好像陷入一种游离于国际舞台之外的自省状态。形式各异但同属此流派的作品，比如伊尼亚齐奥·加德拉设计的亚力山德里亚民居、威尼斯小楼（1954年）；米兰最著名的建筑师（阿尔比尼、加德拉、贝尔焦约索）联手打造的切萨泰工人小区（1950—1954年），他们在那里建起现代化的村舍；马里奥·里多费和沃尔夫冈·弗兰克设计的位于罗马和特尔尼的民居（1950—1960年）也属于这个范畴。在马特拉城外，路多维克·夸罗尼设计的拉马特拉小区是地处乡村与

上图

尤金尼奥·蒙托里、汉尼拔·韦特洛兹等，罗马火车站立面，1947年，罗马，意大利

战后，罗马火车站项目公开招标，建筑师蒙托里和韦特洛兹竞标成功（1947年），他们设计了一座体量纤薄的办公楼，配以用玻璃幕墙围成的旅客大厅，上盖水泥造型顶棚——民间称为"恐龙"，其风格介乎理性主义建筑与有机建筑之间。

左图

卡罗·斯卡帕，古堡博物馆外部，可以看到斯卡拉家族坎格兰德雕像，1958—1964年，维罗纳，意大利

无论是设计质量，还是展示空间与展品的契合度，该博物馆的设计布局都堪称典范。骑马像被安置在博物馆外侧一处高基座上，让人不禁联想起斯卡拉家族拱门，透过一道道门，我们在位于二层的每个展厅都能看到这尊大公像，其对角线形式的摆位也为人们提供了更好的欣赏角度。基座呈现的水泥质感与碎石子铺就的背景墙散发着原始而质朴的味道，与雕塑作品的中世纪气息相得益彰。

右图

佛朗科·阿尔比尼，圣罗兰佐大教堂珍宝馆内部，1956年，热那亚，意大利

建筑师通过设计三个圆形空间来诠释地下博物馆的主旨，就像古希腊圆庙——一个充满私密性与灵性的空间。铺设地面所用的岩石采自沿海地区，而圆形穹顶则由放射状水泥梁拼接而成，通过顶部天窗引入的光线，照亮了下方的展品。

城市花园之间专为"洞窟"居民而建的住宅区。米兰的维拉斯卡大楼（1959年）有着与之相同的文化背景，BBPR事务所的建筑师将它塑造成一座中世纪塔楼，就从品质和规模上与其他作品拉开差距。在这样的大气候下，新自由派应运而生，它发端于罗伯特·加贝蒂与艾马罗·伊索拉设计的都灵艾拉斯莫公寓（1956年），随后在米兰得到进一步发展。此间值得一提的一些单体作品，比如从竞赛中突围的罗马特米尼新火车站，设计师赋予其巨大的站台棚和大面积玻璃幕墙；又如阿尔代亚坑公墓（由建筑师马里奥·弗兰蒂诺等设计），处处彰显符号本质的力量；还有米兰的贫民圣母教堂（由路易吉·菲希尼和吉诺·波里尼设计），以及路易吉·莫莱蒂设计的住宅（1956年）、皮耶罗·博托尼设计的高层板式住宅（1958年），也都位于米兰。

20世纪50年代末开始，政府花了10年时间推动博物馆的升级换代，造就了一批高品质且独具意大利特质的建筑。作品在新空间中通过新的布展形式进行展示，空间与展品相辅相成，有时建筑空间本身也成为被展出的作品。佛朗科·阿尔比尼设计的热那亚圣罗兰佐大教堂珍宝馆（1956年）就像三座迭片状水泥穹顶笼罩下的地下圆庙，此后他又参与了白宫和红宫博物馆的重新设计。卡罗·斯卡帕是此类建筑格局最完美的诠释者——无论是对建筑品质、所选建材的细致把控，还是对细节的精益求精：他参与了帕勒莫阿巴特利斯宫的修复项目（1954年）、与加尔德亚和米凯卢奇合作修复乌菲奇宫（1956年），扩建位于波萨诺的卡诺瓦雕塑博物馆（1957年），系统化地调整了威尼斯科雷尔博物馆，并以其独特的方式对维罗纳古堡博物馆的重新设计（1958—1964年）。与这些作品相类似的还有米兰城堡博物馆。

1960年后，受国际潮流的影响，意大利建筑研究方向更趋多元。混凝

13页图

BBPR，维拉斯卡塔楼，1956—1958年，米兰，意大利

BBPR是四位建筑师（吉安·路易吉·邦菲、卢多维科·巴比亚诺·迪·巴吉尔札萨、恩里科·帕里索特、埃内斯托·内森·罗杰斯）姓氏的首字母组合。尽管塔楼项目是后三位建筑师设计的作品——因为邦菲在第二次世界大战期间死于集中营，但通常沿用所有四个人的姓氏首字母冠名。

土在"工程师"的手上成为一件件充满诗意与质感的立体作品：如 20 世纪 60 年代皮埃尔·路易·奈尔维设计的都灵展览馆、里卡多·莫兰迪设计的波契维拉巨型三塔斜拉桥，还有莫兰迪和佐尔齐共同为新高速公路设计的连接桥，他们丰富的想象力让这件作品在公路工程领域一枝独秀。莱昂纳多·萨维奥利在佩夏的新花卉市场里做了一场小小的高科技建筑尝试（1978 年）。弗甘诺代表的米兰马尔琼迪学院认为，粗野主义是让粗面混凝土直接暴露于视野，而托斯卡纳的萨维奥利和弗留利的马尔切洛·多利弗希望通过强烈的表现主义形式对其进行诠释。1961 年，乔万尼·米凯卢奇开始设计建造高速公路教堂，同样采用了粗野主义标准，他在建筑内部完整呈现水泥面，以及表现主义手法：以树形（纪念高迪）倾斜立柱支起一顶偌大的铜制帐篷。路易吉·卡罗·达内里在热那亚建造奎奇堡社区，其主体部分由 5 座各长 300 米的建筑衔接组成，随山丘等高线蜿蜒而上（所以被称作"大蛇"），小区内还建造了像教堂这样的服务设施——这是对勒·柯布西耶住宅区设计理念的一种诠释和演绎，与雷迪在里约热内卢的项目如出一辙。

卡罗·斯卡帕设计的布里昂家族墓园（1969—1978 年）位于阿尔蒂佛雷市的小城圣维托，是一座创意建筑公园式的私人墓园，从如镜的水面，到象征符号的运用，再到禅意元素的渗透，建筑师对细节极致的讲究可见一斑。

米兰建筑师吉奥·庞蒂等完成了意大利第一幢摩天楼项目——倍耐力大楼，他们设计出一种向两端拉伸并逐渐呈锥形收缩的建筑平面格局，立面柱体对玻璃幕墙的分割线条清晰可见，整座大厦尽显精练雅致、独具一格。

自 1960 年起，随着照明工业的发展以及兼具才华与创新研究精神的设计师的投入，各种类型的家居用品设计也蔚然成风：椅子、家具、家电以及装饰品，不一而足。这股独到的风潮将意大利设计吹向了全球，在数量和质量上都表现优异。1980 年后，意大利建筑带着它的得意之作重返世界舞台。

15页图

吉奥·庞蒂，倍耐力大楼，1960年，米兰，意大利

它是意大利最重要的摩天楼，也是最高的混凝土结构大楼。向端点呈锥形渐缩的平面造型赋予顶部设计以轻盈感，外层玻璃幕墙看似一扇扇窗，楼顶支起的顶棚让整栋建筑更显高耸。

左图

乔万尼·米凯卢奇，高速公路教堂，1961年，佛罗伦萨，意大利

米凯卢奇设计过多座教堂，这座位于佛罗伦萨高速公路旁的教堂是他的代表之作。建筑师以不同轮廓形状、如树木一般的倾斜柱体支起一顶"帐篷教堂"，并通过使用像石头、混凝土和铜这样的坚硬材质来凸显形态构造强烈的表现性。

法国

战后，法国为每个城市指派一名建筑师开展重建工作。建筑师在很短的时间里完成了数量十分可观的项目：在斯特拉斯堡建造了800套住房、在昂热建造了700套，另有1200套位于圣埃蒂安、2600套位于里昂。与负责孚日圣迪耶地区规划建设工作的勒·柯布西耶（该任命后遭撤销）一样，吕夏、洛兹、博杜安、普鲁维等是继承理性主义一代的建筑师。奥古斯特·贝瑞被委派对几乎被夷为平地的勒阿弗尔市中心进行规划设计，为此他在这座城市中设立了专门的工作室，一直工作至1950年。建筑师拆除了为数不多的废墟，设计出一张正交格网作为重建项目的基础，他设计的建筑种类甚少，或四层或十二层，重复而有序地排列。勒阿弗尔市政厅（1958年）和圣约瑟夫教堂也是他本人的设计作品。

根据他的设计原则，建筑物要有可视的格网结构，再以窗形板填充其间，形态统一的外立面，通过悬垂的阳台（每两到三层一处）和窗框赋予其灵动感。为保证工程速度，部分构架和立面采用预制件。他的设计基于6.36米这个模数，以其12倍或24倍的等比数列来确定建筑物的所有尺寸。

贝瑞的教堂是一座立方体水泥建筑，彩色玻璃窗的样式与他在勒兰西的设计如出一辙，支撑起高达100多米的塔楼，象征着港口的灯塔，以此纪念在空袭中身亡的人们。贝瑞将他的建筑语言深深扎根于法国传统之中，流淌在拿破仑三世制定的城市统一性规范和哥特式的塔尖之间。图案与色彩的统一、布局的有序、格网结构的匀称以及外部空间的质感，共同构成一幅颇为感性的城市画面，在欧洲独树一帜。或许人们对这件作品褒贬不一，但联合国教科文组织（UNESCO）已然认可了它的品质所在。

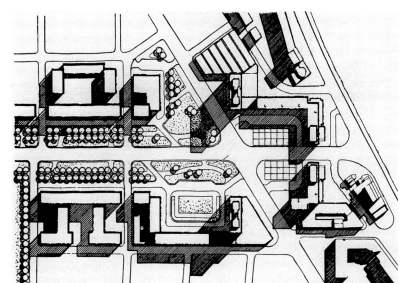

"居住单位"

勒·柯布西耶对重建项目有自己的想法，一如既往地富有独创性与极致感。他的"街区"是一栋超级公寓楼，能容纳1300位居民，可谓是一座"公寓村"。有超过300套住房，并设有商店、酒店、幼儿园、健身中心和跑道。19世纪的乌托邦思想、建筑师对城市规划的探索、俄国公社住宅以及荷兰板式住宅形式在此地得以集中体现。自然而然地，设计师将建筑尺寸尽可能做最大化处理。对于普通的城市结构而言，这栋大楼的规模本质上已然超标，应被视为一座独立的城镇：建筑师就是以做市政规划的方式设计了这栋公寓大楼。在内部，公寓间的过道其实就像一条条马路；在外部，每个居住单位都拥有一处小阳台作为室外空间。

整栋大楼就像一只巨大的长方形盒子，下方以巨柱支撑架空地面，设有一组楼梯和电梯。公寓的户型种类繁多，大都是双层结构（客厅和卧室），相邻的两家错层交互，所以它们实际共占三层，而每三层仅设一条中央公共走道，即公路。建筑保留了未经加工的粗糙混凝土，形成一种粗野风格的外观。

蜂巢状的外立面其实是一个由钢筋水泥板、护栏和分隔板组成的阳台，它们将后方的墙面整个包覆起来。这是勒·柯布西耶建筑的一个新特征：外立面不再只是一个平面，而是三维立体的，同时也不再操心建筑的"皮肤"该如何绘制。此外，通往商铺层的外部楼梯、柱桩和烟囱这些实体组件，都被独具匠心地塑造成一件件纯正浑然的雕塑作品。阳台侧面的墙壁也为缤纷色彩的引入提供了丰富的创作空间。建筑与地面的架空也象征了建筑在概念上的超脱。如此独一无二的"居住单位"，因其建筑类型的代表性，在建筑师孜孜不倦地推动发展下，先后建起五个同类型项目：其中四栋建在法国，另一栋建在柏林，这在建筑史上也是绝无仅有的范例。

左图

勒·柯布西耶，"居住单位"，屋顶幼儿园，1965年，菲尔米尼，法国

建筑顶楼是一所幼儿园，顶层大平台被用作室外活动空间。

19页图

勒·柯布西耶，"居住单位"，1965年，菲尔米尼，法国

菲尔米尼-维尔街区，这座矗立于山坡上的独栋建筑为城市的扩张提供了居住空间，其中设有400套公寓、300个业主停车库、100个访客车位、幼儿园以及休闲活动场所。17层高的公寓楼设有六条公共走道。它是在首个"居住单位"项目"马赛公寓"基础上的进一步发展。蜂巢状的外立面是由护栏和分隔板组成的阳台。从横剖面（下方）上可以看到两套双层公寓如何重叠相交，共用一个中间通道。

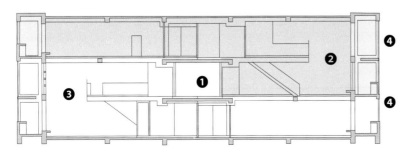

左图

勒·柯布西耶，双层"居住单位"剖面图

内部通道①通往"楼上"②或"楼下"③的公寓。在外立面上与通道相对应的位置，安装了遮阳板④。

英国

　　英国建筑史与欧洲其他国家有所不同。从 1920—1940 年完成的建设项目屈指可数，除少数项目外，整体建筑风格亦非当时的国际潮流。

　　战后的伦敦是欧洲最大的都市，直径范围可达数十千米，城市四周绿色环绕，这条永久性绿化带建成于 1939 年。战时制订的"大伦敦计划"与 1945—1946 年通过的《新城镇法》可谓高瞻远瞩。英国的第一大特点正是以城市规划为先，建筑其次，不仅是伦敦，整个英国的情况都是如此，规划中优先考虑的是国家整体，然后是个体情况。因此，他们选择建造新的城市，而不是对原有城市进行扩张，这在整个欧洲也几乎是绝无仅有的。英国的选择源于一种根深蒂固的 19 世纪空想主义传统思想以及花园城市构想，他们不希望新市郊的出现打破已有城市"群落"的平衡。同时，城市社会学认为建造一个三四万居民的新城切实可行，这就为上述规划提供了更有力的理论支持。

　　英国的第二大特点是对社会基础部门的公共规划：几十年来，通过"学校法"（1944 年）和"住宅条例"（1946 年）来管理和实施项目。

　　实用主义是英国的第三大特点，短短数年里有众多建筑师参与到大量建设工程中，在有力的公共监督下，项目质量的平均水平可圈可点。正因如

此，在战后一年内能迅速筑起 13 座新城。它们遵循相同的标准：一个市中心，有步行街、民用服务设施、商业办公楼和几个娱乐场所。住宅区被划分成数个五六千人的居民小区，提供幼儿园、学校和游乐场等基础服务。带院落的小楼房人口密度不高。居民区与商务区和工业区相连。在学校的建造中处处体现功能主义原则，通常各楼有各楼的专门用途（教室、办公室、体育馆等），但有少数例外——丹尼斯·拉斯顿在诺福克设计了一所学校，他以一组圆形楼体构建出一个星形的建筑平面。

历史悠久的泰克顿建筑事务所以理性主义手法设计了伦敦最早的几个大型住宅项目，比如格林休闲街区（1946 年）的 4 栋住宅楼，以及霍菲尔德街区（1947 年）的走廊式住宅楼。在其之后的大型住宅区设计都恪守两大纯正英式标准：板楼、高层建筑和平房的多元组合；建筑布局遵循自然景观原则，而非抽象几何式的排列。可容纳 6500 人的伦敦的丘吉尔花园（1947—1962 年）是最经典的案例之——由规格不等的板楼组成，更有西奥尔顿的罗汉普顿街区，能够容纳 9500 人居住，含两组分别有七八座高层的建筑群，5 栋薄板楼，以及多组自然排布的小屋。

20 世纪 50 年代后，英国在大学建设上的投入也卓有成效，如丹尼斯·拉斯顿设计的诺里奇学生公寓和詹姆斯·斯特林设计的列斯特大学工程系馆，他们的作品体现出一种创新精神，但并不前卫，与后来的英国建筑走向大相径庭。

上图

丹尼斯·拉斯顿，大学学生公寓，1969 年，诺里奇，英国

该大型住宅区内建筑自然地分布在河谷一侧，从平面上看渐趋拱形，从立面上看呈阶梯状，与当地地形完美地融为一体。

下图

伦敦郡政府建筑局，西奥尔顿街区，罗汉普顿，1948 年，伦敦，英国

该街区是多类型建筑多元组合以及建筑与自然融合的典范之作，能够体现当时英国建筑的各项特质。

荷兰

荷兰作为中立国，在第二次世界大战之初遭德军侵略，后者意图穿越防守薄弱的北部边界直抵法国，尤其是鹿特丹地区经受了多次轰炸（1940年）。荷兰人有着悠久的城市和街区规划传统，从一次次的沿海垾地上可见。1941年，荷兰已经开始制订新的调整计划，并在1946年审议通过，该计划将让城市中心区域改头换面。与此同时，荷兰还计划通过集合一些新的居民区对其他城市进行扩建。

成立于1948年的乔·凡登布鲁克与贾普·巴克玛建筑事务所提出"城市规划式建筑设计"的概念，以最佳方式诠释了上述计划案。他们借助笛卡儿格网——该格网多用于平地项目，将相同的建筑单元重复置入其中形成街区，而每个单元由不同形式的建筑混合组成，设计师特别注意单元内部各类型建筑混搭过程中平衡感的把握：设置了排屋、四层高的板楼以及高层建筑，并覆盖大量绿化和服务设施，道路交通也十分便利。

凡登布鲁克与巴克玛建筑事务所在完成亨厄洛市克雷德里内街区（1958年）和阿姆斯特丹的亚历山大圩田区项目（1956年）后，又参与到吕伐登的北部扩建项目（1962年），在设计过程中他们针对建筑体量的分布进行了极

下图和23页图
乔·凡登布鲁克与贾普·巴克玛建筑事务所，莱班街两处街景，1949—1955年，鹿特丹，荷兰

荷兰第一个办公与商业步行区，所有商铺沿着一条宽阔的中轴线纵向排布，两侧则是较低的建筑。商店门口有宽敞的遮阳篷，通过棚架互相连接。因其理性主义与实用主义特质，该商业中心成为许多新街区和新城建造市中心的样板。

为复杂的深入研究。1956年，建筑师团队加入阿姆斯特丹新城扩展计划——潘普斯计划，为35万居民打造一座真正以"宜居乡村"为理念的全新城市。他是鹿特丹市中心莱班街的设计者，这里是荷兰第一个办公与商业中心，且整个区域都是步行街。这群建筑师有着不拘一格的建筑语言，他们的作品既有后理性主义，也有代尔夫特大学大礼堂这样的粗野主义风格。

同一时期，赫里特·托马斯·里特费尔德设计的阿姆斯特丹新凡·高博物馆（1973年）项目，阿尔多·范·艾克完成了海牙基督教堂的设计和奥特洛库勒姆勒博物馆的扩建，这些作品无不体现建筑师对整体结构的严谨。

荷兰的创新运动被称为"结构主义"，但这样的定义并不能充分描述这场运动的全貌。在结构主义的概念中，家和办公室是可变的空间，建筑被认为是开放的作品，模块化元素的集结能形成一件"暂时"完成的建筑作品，然其扩张的潜质依然存在。这里的构成模块应当一目了然，有清晰可见的结构，如果有墙壁的话，它们也该是暂时存在的样子，因此墙壁被做成粗糙的块体。金字塔形的屋顶造型能够很好地勾勒建筑的体量感，常被用来衬托模块的特征。

相应地，建筑的内部和外部应当相似，所以他们在室内修建公共通道：马路或露天空间、小广场，又把与建筑相关的外部空间纳入并利用起来。建筑是城市的一个章节。这场运动的代表人物当属阿尔多·范·艾克——他也是纳杰尔村庄的设计者（1956年），并担任建筑杂志《论坛》（*Forum*）的编辑（1959—1967年），还有建筑师赫曼·赫茨伯格。结构主义运动的特征也体现在街区设计中——他们的住宅是开放式的作品，房间布局绝非一成不变，可以把起居室扩大，甚至延伸到屋顶。这种建筑理念也渗透到近期的一些小区设计中来，其中有一部分住宅可以让住户动手改造，甚至自己亲手建造。

德国

德国的文化政策对重建项目秉持两种态度：他们利用精湛的技术恢复古城中心原貌，并将其改造为步行区，希望借此重塑国家的历史身份，寻回被摧毁的往昔；他们没有建设卫星城市，而是在市郊建造大型社区，扩大城市范围。1957年，新的汉萨街区在柏林落成，取代在战争中夷为平地的另一个街区。延续斯图加特的白院聚落（1927年）和维也纳德意志制造联盟（1932年）的思潮，顶尖的建筑师受邀参与住宅的设计。因此，汉萨并非一个社会意义和城市规划意义上的街区，而是一个住宅类型博览会，一次经典住宅案例展示。从中人们可以获取多种不同的体验，因为这里有高层建筑、板式建筑和联排别墅：云集了战后最新、最多元化的建筑。它们的建筑师个个声名赫赫：荷兰的乔·凡登布鲁克与贾普·巴克玛、阿尔瓦·阿尔托、沃尔特·格罗佩斯、奥斯卡·尼迈耶、阿诺·雅各布森，此外还有一群德国人和一位意大利建筑师卢西亚诺·巴尔德萨利。勒·柯布西耶建成了他的第5个"居住单位"，但他要求"单位"周围留出大量空间，于是就在1938年奥运会会场附近另辟一地单独建楼。阿尔托设计了一栋轻度曲面的"U"形8层建筑，顶层是5套扇形平面的住宅，与他当时在芬兰的很多作品形式相似。尼迈耶构想了一座底部架空的线性建筑，建筑外部设有三角形楼梯，很像他在巴西的作品；巴尔德萨利设计的17层高楼设有两个内庭，为中央楼梯引入了光线，另外还有多位德国建筑师为街区设计了联排别墅。今天的汉萨仍是一个普通居民区。

27页图

凡登布鲁克与巴克玛建筑事务所，位于汉萨街区的高层建筑，1957年，柏林，德国

楼内共有24套一居室和48间大套房，错落分布于17个楼层。侧立面有阳台，并以色彩装点，而在两个主立面上，窗与阳台则是交替排列。

左下图

保罗·保尔加藤，位于汉萨街区的板楼，1957年，柏林，德国

很多建筑师都曾用自己的方式诠释这种类型的楼房。其底层是商铺，楼上为复式住宅，共享一个走廊式阳台。

上图

汉萨街区平面图，1957年，柏林，德国

在设计新平面图的时候保留了原有的道路；街区被一分为二。5栋高楼坐落于北面，不会对其他建筑造成遮挡。板式建筑的朝向由居民根据日照情况而定，或南北，或东西，排屋呈东西向平行排列。

斯堪的纳维亚

斯堪的纳维亚战后的建筑和城市规划表达了当地对环境和传统建材的关注（木和砖）——如何在湖泊、峡湾和森林广布的国家里对空间进行规划，并受有机运动风潮的影响，加之法德理性主义学派对完美技术的追求。这些元素首先在城市规划中得以体现，瑞典未受战争破坏，无须"调和"重建的紧迫性设计质量的要求，因而选择了一种混合型模式：既发展市郊街区，又发展新城市。

其实施标准参照英国，一方面推崇花园城市型的有序规划，另一方面立法规定将土地所有权交给公共职能部门，对项目进行集中化管理。

扩建后的格朗达尔区（1946—1956年）、林迪戈岛（1954年）以及新建的瓦林比区和法士塔区皆位于斯德哥尔摩周边，它们是多类型建筑与地质形态有机结合的典范，修剪齐整的北欧树林融入楼宇之间，人行道和机动车道之间也有着严格的区分。市中心仍是步行区，四周商业建筑林立，以瓦林比为例，它的市中心区便位于地铁之上。斯堪的纳维亚的建筑风格被定义为"新经验主义"，尽管其表现手法各有千秋，但都基于相同的价值标准。

芬兰建筑师莱玛·皮提拉是一位立体造型建筑诗人，他的作品与大地相依，与光影共舞，就像他为布鲁塞尔世博会设计的芬兰国家馆（1958年），或是位于坦佩雷的卡莱瓦教堂（1966年）。挪威建筑师斯维勒·费恩十分注重环境，他用极简主义的语言诠释出雅致而简约生动的建筑，比如威尼斯双年展上被"植入"3株大树的斯堪的纳维亚国家馆。丹麦建筑

左图
市中心，1952年，瓦林比，瑞典

一大片被商业楼宇包围的步行区域，下设地铁，停车场位于区外。通过房屋的布局，我们可以清楚地看到市中心地处盆地，所有建筑有机地分布在周围的山丘上。这是一件功能主义的代表作品，尽管附近的建筑物并不惹眼。

师受有机运动影响颇深，这种影响集中体现在弗雷登斯堡胡姆勒拜克市的路易斯安纳现代艺术博物馆的设计中，建筑师将日式和赖特式建筑有机地融入日德兰半岛的花园和平淡风景之中。与其类型相仿的有约恩·乌松早期的作品，对完美细节的极尽苛求让他创作出悉尼歌剧院这样蜚声世界的作品，也从此离开祖国。

　　阿诺·雅各布森是丹麦建筑界举足轻重的代表人物，为躲避战火，他移居瑞典，一心致力于设计，后于1945年重返哥本哈根。他的作品摆脱了理性主义风格，远离新经验主义，体现出建筑师对实用性、极致美感和严谨形式的不懈追求，雅各布森用他一丝不苟的精神去实现自己所要的极简主义风格以及对建筑细节的创意。在早期的建设项目中，如苏赫姆街区，他以低矮的连体住宅诠释自己对丹麦建筑传统的理解。在根措夫特学校，他设计的建筑以造型砖勾勒外墙，内部则是棋盘式格局——在横轴上有走廊，纵轴上是教室。每个单体部分都经过细致、有序的研究（布局、照明、教室—庭院和教室—实验室的关联），堪为典范。在索勒洛德和勒多弗雷小镇，他因袭普遍认可并广为流传的启蒙主义传统，用质朴而典雅的精简方式，展现作品的现代特质。在随后的办公楼和公共建筑设计中，他的风格逐渐接近密斯：SAS摩天楼（1961年）、哥本哈根国家银行（1971—1978年）以及一些在他死后建成的项目，如位于伦敦的丹麦大使馆（1977年）与科威特银行（1976年）。雅各布森也设计过其他类型的物品，作品数量不多但在国际舞台上获得巨大成功，就像他在汉森帮助下制作完成的蛋椅。

上图

斯维勒·费恩，北欧馆内部，1962年，威尼斯双年展

　　建筑师将展馆演绎为极致简约的室内广场，内有3株树木。墙壁以水泥铸就，在其中两面墙的下方装有玻璃，屋顶以排布紧密的薄片拼合而成，通过一些透明的小圆顶相连。建筑师以这种形而上的质朴感展现自然环境的魅力。

美国故事

　　战争和纳粹的迫害致使许多德国建筑大师移民美国，在这个幅员辽阔、文化多元的世界里，欧洲侨民团体已经做好准备迎接他们的到来。

　　理查德·诺伊特拉是最早的移民，他直接迁居加利福尼亚。20世纪30年代末，包豪斯中的精英们也来到美国：格罗佩斯、布罗伊尔、莫霍利·纳吉、阿尔伯斯、费宁格、希尔伯塞默，还有一些艺术家，如奥占芳和蒙德里安，最后是密斯。因为种种变故，建立新包豪斯的意愿未能付诸实现。

　　格罗佩斯旅居伦敦数年无所成就，后迁居美国。在那里，因为工作的原因，他与一群年轻的美国建筑师一起成立了TAC建筑事务所。犹太人孟德尔松在伦敦等地短暂停留后，也于1940年抵达美国，他几乎只为犹太人团体服务。密斯最初试图与纳粹妥协，但之后仍于1939年移居他曾经任教的城市芝加哥。

　　1922年，芬兰人埃利尔·沙里宁参加美国芝加哥塔国际设计竞赛夺得二等奖，随后移民美国。他的儿子埃罗·沙里宁是一位表现主义建筑大师，其作品个性鲜明。诺伊特拉独自在洛杉矶工作，但他对加利福尼亚流派的影响举足轻重。孟德尔松、格罗佩斯等包豪斯建筑师，除了泛美大楼和布罗伊尔的一些家具设计，整体而言成绩有限。密斯是其中唯一获得重大突破的建筑师，他在美国期间的作品质量远超其战前水平。

31页图
沃尔特·格罗佩斯，麻省理工学院研究生中心，
1950年，剑桥市，马萨诸塞州，美国

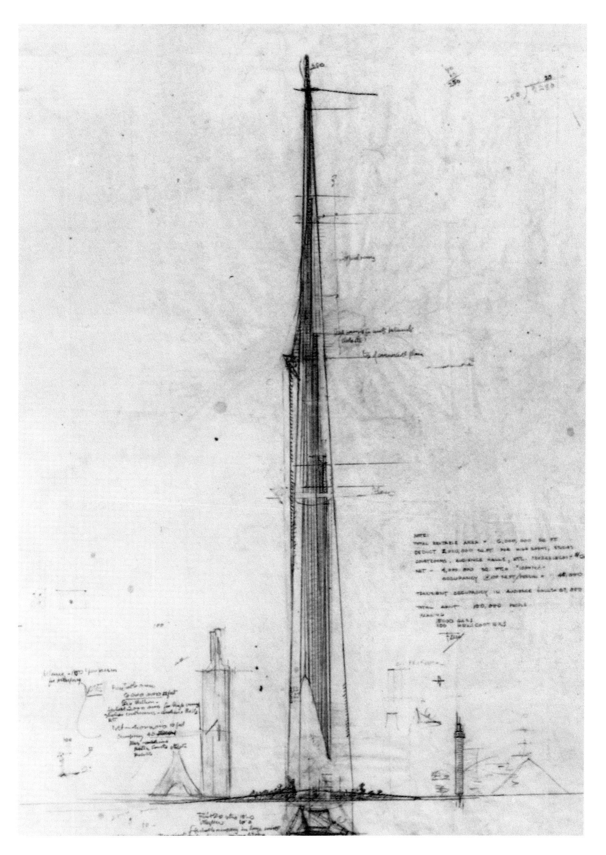

德国学派的理性主义逻辑在玻璃钢结构中得以体现，它定义了两种建筑形式：高层住宅和单层开阔空间。外形大同小异的平行六面体凭借完美比例和精益求精的细节脱颖而出。对绝对建筑的研究影响深远，它的拥趸涵盖了如克雷格·艾尔伍德和查尔斯·伊姆斯这样的重量级人物。

在众多移民建筑师中，没有一个美国人取得像当时年事已高的弗兰克·劳埃德·赖特这样的杰出成就——他在任何作品中总能保持绝对的独立，不受任何影响（尤其是欧洲的影响）。

他一生作品不下百件，主要分为两大领域：一方面是独家独户的所谓"美式"住宅，即符合美国中产阶级对住房要求和期待的典型美式住宅：较小的经济型房子，有"L"形的平面，能将屋前的空间纳为己用，这也是建筑师一贯的风格。另一方面，他不断研究如何利用其他形状——圆形、套环形、螺旋形、杏仁形、六边形以及金字塔形，并配以或纷繁奇异或阿拉伯风的装饰图案。赖特设计过外形令人瞠目的公共建筑、形状新颖各异的美国风住宅，此外更有一件名作——纽约古根海姆博物馆（1956 年），他对形状的钻研在这件超凡的建筑作品中得以升华。

32页图

弗兰克·劳埃德·赖特，摩天楼设计，1956年

独门独院住宅的顶尖设计师构想了一座摩天楼，它结构出挑，高度上超越任何其他建筑：达到1千米。共有528层，设15000个车位，平台可同时容纳150架直升机。这座钢结构建筑根基部分深深"扎根"于岩层。设计灵感源于俄罗斯构成主义建筑。

下图

埃罗·沙里宁，肯尼迪机场，环球航空公司（TWA）航站楼内部，1956—1962年，纽约，美国

航站楼内部是一片巨大的开阔空间，楼梯和空中走廊的使用让空间灵动起来，乘客在此地集散。

理查德·诺伊特拉

著名建筑师理查德·诺伊特拉居住在加利福尼亚。从战争年代起，除了始终"高产"的独户住宅，他的作品还涉及其他多个领域。

1940—1945年，他受政府委托为波多黎各设计学校、住宅和医院；由于工程浩大，诺伊特拉在当地开设了建筑事务所，用当地的材料建造出简约、低矮的高品质建筑。

在美国，他参与过社会性建筑设计：比如1943年为圣佩德罗设计的一处约有600套住宅的街区（现已被拆除），以及为造船工人家庭建造的小户型廉价房项目"海峡山庄"——屋宇之间以小树林间隔，每栋楼的摆位都略呈斜角，这样住户可以同时欣赏到海景与林景。

1950年，诺伊特拉设计了一套预制结构房屋系统，他将钢索与墩柱相接支起屋顶，与马戏团的帐篷结构相似。他还与罗伯特·亚历山大合作，参与公共建筑设计——拉贺亚市米拉马尔海军基地的一座小教堂、洛杉矶的一所学校和一家酒店。建筑师最大的兴趣还是设计独户住宅。1948年，他参加了由加利福尼亚政府支持推动的住宅类型研究项目：设计出一款简洁的矩形住宅，借助四条门廊将建筑外围面积扩大一倍。在其他别墅项目中，他利用钢制细柱体、大面积玻璃和多层平顶的设计实现其极简化结构的目标。建筑平面通常呈放射状，以便将更多的外部空间收归己用。他的住宅作品，从建筑、花园（泳池往往必不可少），到家具装饰，以设计上的连贯性著称。进入20世纪60年代，随着后现代主义风格的兴起，其作品逐渐减少。但他设计的独户住宅仍然是"美式"建筑的范本。就像是对建筑师的一种即刻补偿，诺伊特拉曾受邀前往瑞士进行别墅设计。

35页图

理查德·诺伊特拉，考夫曼别墅外景和其中一间房间，1947年，棕榈泉，加利福尼亚，美国

埃德加·考夫曼曾于1929年委托赖特设计瀑布别墅，而这套位于加利福尼亚的住宅则被交由诺伊特拉设计，希望得到一处不同的、更为轻巧的府第。建筑师为别墅的中心建筑配上烟囱，两侧的建筑则从中心出发以模块化结构向外延伸。起居室是一个完全开放的空间，能与草坪和游泳池互通。

下图

理查德·诺伊特拉，泰勒别墅，1964年，格兰德勒市，加利福尼亚，美国

这是一座小型矩形建筑，设计者以完美的比例，用一堵白墙将玻璃板围起的客厅与车棚隔开，两边共用一个长长的平顶。

沃尔特·格罗佩斯

沃尔特·格罗佩斯离开德国后前往伦敦，在那里与麦克斯韦·福莱共事，后者于1955年加入勒·柯布西耶的团队，成为昌迪加尔市项目的设计者之一。1938年，格罗佩斯在哈佛大学任教期间，用他的理性主义建筑语言在林肯建造了自己的住宅。1945年加入美国国籍后，他与一群年轻的美国建筑师共同创立了一家设计师合作社性质的TAC建筑事务所。1950年，事务所完成了第一件公共作品——哈佛大学研究生中心，该项目包括七个学生公寓及一座主楼，低矮的房屋仍能体现理性主义建筑的特点，楼与楼之间用长长的雨棚作为连接。主楼呈拱形，打破了纯几何形的规划设计，1957年事务所在柏林汉萨街区的设计中再次沿用了这种造型。不久后，事务所着手设计泛美航空大厦（现为大都会人寿大厦），该建筑位于纽约公园大道一端，选址极为优越。由格罗佩斯设计的大楼平面是一个向两端渐收的矩形，与庞蒂设计的米兰倍耐力大楼颇为相似，并一举成为整条大街的透视焦点。大厦的设计毫无疑问也受到勒·柯布西耶为阿尔及尔设计的摩天楼（1938年）的影响。格罗佩斯最后的作品是罗森塔尔陶瓷公司位于德国安贝格的工厂——三角形截面的厂房保留了清水混凝土的外观，精心设计的结构造型同时也成为一种装饰性元素。从这些作品中可以看到格罗佩斯的研究历程，他从不拘泥于战前的经验，始终关注各种新兴的设计流派。

37页图
TAC建筑事务所，泛美大厦，1963年，纽约，美国

这栋摩天楼位于公园街一端，远远便能望见其朝向大街的正立面，与侧立于街道两边的其他大厦相比，显得格外引人注目。格罗佩斯设计的建筑平面向两端延伸并逐渐收缩，让整栋楼在视觉上更觉高耸；建筑师借两个"镂空"的楼层打破单调感，同时使用密布的等寸小玻璃窗格组成外立面，以保持建筑的完整性。

左图
沃尔特·格罗佩斯住宅，1938年，马萨诸塞州，林肯市，美国

这座建于波士顿郊外的乡村住宅体现了格罗佩斯理性主义风格的最终演变，主体建筑的"外壳"在一楼位置被一个装有玻璃墙的露台"捅破"，住宅入口处的雨棚与主体建筑略呈斜角。

埃瑞许·孟德尔松

埃瑞许·孟德尔松是最后一位移民美国的德国建筑师；纳粹上台后，作为犹太人的他为躲避迫害先后逃往伦敦和巴勒斯坦。在英国生活期间，他设计了很多具有严格几何感的建筑，与其固有的设计语言迥然不同。一开始，作为"不幸的移民"（按他的原话），他与美国军队合作并担任教职。1945年后定居旧金山。

他的服务对象主要是来自得克萨斯、明尼苏达、密歇根、马里兰和俄亥俄等州的犹太社群。孟德尔松的建筑语言很能体现他的两种教育背景：从1941年完成的位于伯克利山上的一所世界级大学以及一些为纽约所作的建筑草图上可以看到表现主义与理性主义的融合。他完成的作品是一个个建筑整体，副楼是一个个白色几何形的理性主义结构盒子，直白地引用了条形窗和平屋顶元素；而对于主楼，他喜欢探索各种新兴的、独一无二且具有象征意义的形状，彰显了设计者丰富的表现主义语言。在巴尔的摩的犹太人聚居区，人们可以看到由三段并列抛物线构成的犹太教堂，而圣保罗的犹太教堂由9个波浪式的拱形圆顶构成，达拉斯的教堂则是一座曲形立面的圆塔建筑。这种多元风格的组合已然成为美式建筑流派的一本指南、一项特质。

下图

埃瑞许·孟德尔松，玛摩利医院模型，1950年，旧金山，加利福尼亚州，美国

这是孟德尔松风格的典型代表，整个建筑以相同的元素不断重叠而成，通过阳台标记分层，低矮的楼层和棍形栏杆体现出建筑师理性主义的思考，而圆润的弧形与楼体大棱角的反差显示了他对表现主义的实践，可以说是他对20多年前所设计的柏林西塞罗街私人住宅的一次重读。同样的外凸圆角阳台后来还被援引到他设计的旧金山罗素别墅中，变身观景平台。

埃瑞许·孟德尔松，布耐阿莫纳犹太教堂外观与祈祷室，1950年，圣路易，密苏里州，美国

建筑师在短短几年里设计的诸多宗教作品之一。建筑剖面呈半抛物线形，纤薄、宽阔的顶棚覆盖于玻璃外墙之上：这是表现主义作品的典型做法，与周边简朴的直线形建筑形成鲜明的对比。

路德维希·密斯·凡·德·罗

路德维希·密斯·凡·德·罗是最后两位德国移民建筑师之一，他直接前往芝加哥——包豪斯时期他曾执教过的地方。不久，密斯被任命为伊利诺伊理工学院建筑系主任。他在招生方面十分大胆，将许多出众的美国建筑师拒之门外——包括盛极一时的赖特，因为他在文化上与学院的主旨相距甚远。

他欣赏密斯以德国理性主义标准设计的一件与众不同的作品：整片区域如同被一张正方形格网覆盖，建筑物就排布在这些格子里，建筑师将其释义为理性分布的箱体，就像大规模的学校或工厂一般。在随后20年的作品中，密斯把这种平面上的模块向上拉伸：他用铁框架结构和玻璃幕墙建造自己的实验室，让砖砌的基座和框架紧紧附着于大地。

但有些建筑，尤其是克朗楼，却是离地而起，配以轻盈的大理石台阶和高挑纤薄的突出梁。最质朴的建筑当属小礼拜堂，它被简化为地上的一个小方块，就像大型建筑上被切割下的略显粗糙的一块。1947年，美国纽约现代艺术馆专门为密斯举办了一场作品展，这是任何移民建筑师都未曾享有的殊荣，随之而来的除了更多的建筑设计订单，还有对美国青年建筑师更为广泛的影响。

41页图
路德维希·密斯·凡·德·罗与菲利普·约翰逊，西格拉姆大厦，1958年，纽约，美国

该大厦为西格拉姆公司办公楼，与湖滨大道的两栋摩天楼建造方式相同，建筑的形状对功能性而言无关紧要。青铜的使用体现出建筑师对选材的考究。

左图
路德维希·密斯·凡·德·罗，湖滨大道公寓，1951年，芝加哥，伊利诺伊州，美国

两栋互相垂直的湖滨高层住宅：两座绝对体积建筑，勾勒出城市风光中独一无二的符号。把握外立面结构预制件与建筑整体的比例平衡是密斯作品的关键点。每个房间都有偌大的玻璃窗，将湖景尽收。这两栋摩天楼是纽约世贸中心的样板。

此后，除了为大学设计的建筑，密斯所做的项目几乎是清一色的高层或摩天楼：如独栋的海角公寓（1946 年）、芝加哥湖滨公寓双楼（1951 年）、纽约西格拉姆大厦（1958 年）、底特律拉菲亚特公园住宅区（1963 年）。区内的大型住宅楼旁都紧挨着一栋两层楼高的小型建筑——以及多伦多道明中心（1969 年）的 3 座摩天楼。密斯的每一件作品都追求形状、结构和材料的最佳组合。每一座建筑都是完美闭合的平行六面体，使用同一种材料（钢、铝、铜）、单一的颜色（灰色、深蓝色、金色、古铜色）。建筑整体与窗模块之间的完美比例是辨识度最高、最不易被模仿的关键，一式一样的窗户就像毫无变化的格栅布满大厦表面。总体与局部窗格的比例则视情况而定。

"少即是多"是密斯的座右铭，绝对形状在任何用途（住宅或办公）的建筑中始终保持均一，就像是对同一设计理念的演化。建筑的内涵是如此丰富，以至于无须染指周边环境或风景，只与绝对空间产生对比。他的作品需要空旷的四周（密斯设计的大楼中有 4 座位于密歇根湖畔），也以此为特色而闻名，区别于同时代那些刻意追求奇形异状的摩天大楼。

如果上述建筑是"纪念巨碑"，那么密斯也设计"墓石牌坊"——三联式的建筑单用柱子和平顶构建，所有墙体都是透明的。密斯建筑的主要类型有两种：摩天楼和单层开阔空间。同一时期的作品，位于芝加哥市郊的范斯沃斯住宅（1951 年），所有墙体均采用玻璃建造，就像一个透明的立方体夹在两块水泥板之间。

这栋住宅与地面微微架空，很能代表密斯的一种渴望，让室内空间与室外空间相连相续，仅为建筑保留其框架结构的印记，就像他早期的作品想呈现那样。

由此也诞生了柏林新国家美术馆那不同凡响的大厅（1962—1968 年）：四根立柱支起的方格平顶与结构格网合二为一，通体黑色。这是密斯在鼎盛时期为祖国献上的作品，一方面，他对材料精挑细选，另一方面，他借此缅怀世纪初的德国建筑大师，是他们教会他建筑的比例感。

43 页上图

路德维希·密斯·凡·德·罗，伊利诺伊理工学院，克朗楼，1956 年，芝加哥，伊利诺伊州，美国

这座建筑能从密斯诸多作品中崭露头角，有赖于其离地而起、傲然耸立的气势和净彻透明。此外，顶部突出梁的设计充分体现了形状与结构的完美比例。

43 页下图

路德维希·密斯·凡·德·罗，范斯沃斯住宅，1951 年，普莱诺，伊利诺伊州，美国

密斯在美国的作品主要分两个类型：高层住宅以及单层开阔空间。这座独户住宅代表了密斯思想的一种极致。他以寥寥数点将整座完全透明的建筑结构支离地面。金属的结构框架搭配两块扁平的钢筋水泥板，作为屋顶和地板，所有墙体均以玻璃拼接，仅用帷幔遮蔽。屋前延伸出一片宽阔的平台——露台，仍与下面的草地架空。建筑师尽可能少地干预空间，让空间得以穿透建筑：屋顶不断向外延展，直到超越顶角的立柱。同样的方式还被应用到柏林新国家美术馆的设计中。

下图

路德维希·密斯·凡·德·罗，伊利诺伊理工学院平面图，1939—1958 年，芝加哥，伊利诺伊州，美国

遵循严格的规划，建筑师按功能排布建筑，而不考虑轴向或对称问题。这是对厂房式大学的合理构想，与密斯从包豪斯带来的设计思路相呼应。

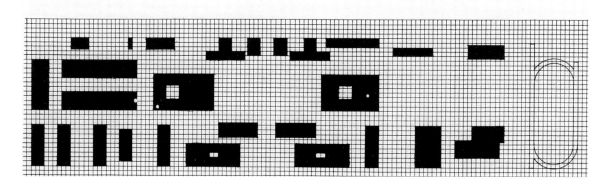

密斯学派

密斯或直接或间接地创造了自己的学派。一些美国建筑师一丝不苟地遵循其建筑语言：钢铁结构、外露的大框架、大面积的玻璃幕墙、对建筑细节的考究、极少的色彩（白色、深蓝色、灰色等）和些许的木嵌条。密实、平整的楼体，所有立面都以精准计算得出的单位模块以格网形式重复拼接而成。在建造小型建筑时，施工条件允许他们采用结构预制件和填充板。克雷格·埃尔伍德和查尔斯·伊姆斯从不设计摩天楼，而是两三层高的住宅楼——20世纪40年代，他们便开始参与加利福尼亚州政府赞助的"示范住宅"项目。埃尔伍德所出众多，他的作品时常参考密斯的设计，或有克朗楼的影子，或有范斯沃斯住宅的特征。他最重要的，也是他原创的作品要数帕萨迪纳艺术学校（署名尚存争议），整个建筑仿佛一座巨大的黑色铁桥——实际上也确实横跨于一条马路——由四根超大型平行梁组成，梁桁之间设有教室、实验室和商店。1978年，建筑师关闭了他的事务所，迁居托斯卡纳，从事古建修筑复工作。伊姆斯也设计了为数不少示范住宅。其中第八号住宅成为他自己的住所兼工作室：一座典型的预制件构造平行六面体建筑，部分墙体采用了彩色填充板。20世纪60年代后，他离开建筑界，与第二任妻子蕾一起投身家具与室内设计，获得巨大的成功。菲利普·约翰逊的故事有所不同，年轻时他常游历欧洲，在包豪斯遇见了密斯。1932年举办"国际主义风格建筑展"后，他想方设法在1935年协助密斯和布罗伊尔从德国移民美国。无论是他为纽约设计的住宅还是办公楼，早年的约翰逊是密斯最忠实的信徒。另外，他还合作参与了西格拉姆大厦的设计，并在新迦南建造了自己的住所"玻璃屋"，比密斯的范斯沃斯住宅更显极致。

45页上图
菲利普·约翰逊，玻璃屋，1946—1949年，新迦南，康涅狄格州，美国

房屋呈矩形，两侧均为落地玻璃窗，仅在建筑内部设有一处封闭小空间。将密斯的风格进一步极致化：居住，意味着生活在一个屋顶下，但同时要延续周围的自然环境。

45页下图
克雷格·埃尔伍德，艺术学校外观，1975—1976年，帕萨迪纳，加利福尼亚州，美国

该建筑被誉为设计师最原创的作品，对建筑结构的凸显继承自密斯学派：以150米长的黑色扁平高凸梁，架起一座梁桁外露的桥式建筑。两边朝外的梁体不加修饰，作为外立面，其结构与外形双双重合。

左图
查尔斯·伊姆斯，住宅，1945—1949年，圣莫尼卡，加利福尼亚，美国

这是建筑师与妻子蕾共同设计的住宅兼工作室：一座简单的预制件组合房屋，其旧结构清晰可见，按密斯教授的加利福尼亚派的做法，多以彩色镶板填充。与约翰逊一样，伊姆斯的住宅矗立在朝向大海的山丘之上，藏身于一片灌木丛中，远离城市（这里是指洛杉矶）的喧嚣。

埃罗·沙里宁

埃罗·沙里宁，芬兰建筑师埃利尔·沙里宁之子，自幼学习建筑学，青少年时来到美国。在他短暂的一生中，充分展示出与文化界、商业界和美国政界沟通对话的才能，对其创造力的施展大有裨益，更让他有机会管理大量不同主题的项目。创作初期，他偏爱纯几何形状的应用，比如麻省理工学院里克雷斯吉音乐厅浑圆的顶盖和圆柱体的小教堂（1955年），后者被一道圆形水系环绕并与外界相隔，通过自上引入的一束光来营造内部的神圣氛围。此后，在耶鲁大学学院（1962年）的设计过程中，他开始用现代化的语言诠释浪漫主义式民族建筑。从他最知名、最具重要意义的作品上我们可以感受到建筑师强烈的表现主义气质，他用混凝土塑造出不同凡响的造型。埃罗设计的建筑顶盖及其支撑结构一脉相承，极富立体感。同时，他以柔和的手法将原始的、象征的或动物形态的轮廓形态引入建筑作品中。

位于纽黑文的冰宫是一座由一根中龙骨支承起的深蓝色薄壳结构建筑，龙骨向外前伸至建筑正面，史前动物造型的正立面让人联想起日本的龟甲盾轮廓。

纽约的环球航空公司航站楼形似一只着陆的雄鹰，而华盛顿杜勒斯国际机场则是一顶超大结构、两侧立面外倾的帐篷（均于1963年建筑师逝世后竣工）。建筑雕塑般的动感造型沿袭自战前的德国传统，但又是绝对的原创之作，只可惜在美国无人传承。

47页图

埃罗·沙里宁，圣路易斯拱门，1961—1966年，密苏里州，美国

该建筑是一件竞赛获奖作品，艾罗在比赛中击败了众多竞争对手，其中包括他的父亲埃利尔。这座杰弗逊纪念碑在密苏里州格外瞩目，内部有小火车可以穿行。拱门——被复制后成为字母"M"——诞生于圣路易斯的麦当劳餐厅的标志。

左上图

埃罗·沙里宁，纽约的环球航空公司航站楼，肯尼迪机场，1956—1962年，纽约，美国

作品的第一幅草图沙里宁绘就在一张餐巾纸上，以表达他瞬间的创作灵感。建筑师用钢筋水泥塑造了一只着陆的雄鹰。

左下图

埃罗·沙里宁，杜勒斯机场，1963年，华盛顿，美国

一项由两排锥形外倾立柱支起的巨型帐篷，展现出力的作用。所有的墙都是透明的，能够清楚地看到一个白色的建筑构架。

弗兰克·劳埃德·赖特

　　1939年，建筑师受马萨诸塞州政府委托，为四口之家设计一系列住宅。赖特设计了一座有大露台的两层楼建筑，用十字结构将房屋分割成4个单元，以砖和外倾的木板护栏搭建。虽然最后只在宾夕法尼亚建起一座，但设计独门独户的简单住宅成为一种趋势——"美式"住宅，这影响了1940年后建造的数十栋别墅。此类住宅的原则是：单层的"L"形平面建筑，一边是起居室、用餐区，另一边是卧室，中间凹角位置则是私人花园或小院子，屋顶向外延伸变成顶棚，用于停放车辆。可变之处甚少，有些住宅的平面呈条形，有些"L"形平面的内角或锐角或钝角，而不是直角形式。平面图通常在格网的基础上绘制，格网可以是矩形、六边形、菱形或圆形。烟囱素来是必不可少的元素，除了一般的窗户，往往还要在屋檐线下再加一排条形窗。装饰风格不一而足，带着对新艺术主义或新装饰艺术的些许回忆。可以说是对世纪初的中产阶级"草原住宅"的一次革新。

　　原则既定，但赖特每次都会根据土地情况和客户要求对这个"模板"进行个性化处理。最成功的美式住宅有些位于奥基莫斯、图里弗斯，有些位于新泽西州、爱荷华州和伊利诺伊州。所选建材亦是朴实无华：砖、木

下图

弗兰克·劳埃德·赖特，戈奇别墅内部，1939年，奥基莫斯，密歇根州，美国

　　简约的条形平面建筑案例，有宽阔的实心墙基能满足地面要求。起居室和卧室朝南。窗户垂直封闭。虽为平顶，但分多个层次，为整个内部空间平添生气。它的一边向外延伸变身车棚，再以一堵矮墙将车辆挡于视线之外。

窗、平顶（或几乎是平的）和多层次的木制雨棚（为了在空隙间安装条形窗），通常还有不可或缺的石砌烟囱。这些住宅总是位于市郊或乡间，被巧妙地安放在湖光山色之中，这也是赖特追求的自然与建筑物的延续。这些专业建筑师设计的住宅造价却很低廉，一度风靡到 1950 年。

与普遍认为的情况恰恰相反，赖特还设计过许多高层建筑，其中甚至有乌托邦式的摩天楼，楼高与典型的美国长度单位一致—— 1.6 千米。但此类建筑仅有两座最后建成：一栋是位于瑞辛市的约翰逊制蜡公司实验楼（1950年），另一栋是位于巴特尔斯维尔的商住楼（1956 年）。这两座大楼的结构是赖特的发明，核心"树干"上飘悬着的楼层，就像大树的枝条。有机建筑大师创造了这种"树式"结构的高层建筑。普莱斯大厦便是一棵 17 层高的"大树"，它"逃离"大都会的摩天楼"森林"，偏安一方平原，主宰了所在的小镇。该大厦的平面呈正方形，被分为四个部分，其中一部分做了 45° 旋转，正方形每条边的当中都有一扇三角形的弓形窗向外凸出。建筑平面图的基础为菱形结构格网，整个楼体的构造也因此错综复杂。大楼外墙由或垂直或水平的绿色铜制遮阳板和有色玻璃组成——新装饰主义的影响在赖特的这件作品中尤为明显。普莱斯大厦可以说是圣马克大楼的精细化进阶版，后者是赖特于 1929 年为纽约设计的一座 18 层建筑，其树式结构让跃层公寓的构

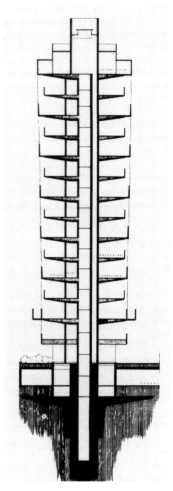

左图和上图
弗兰克·劳埃德·赖特，约翰逊制蜡公司实验楼及其剖面图，1950年，瑞辛市，威斯康星州，美国

极具想象力的杰作：树式结构中，起支承作用的中央筒体上伸出楼层，外墙不起任何承重作用，故而建筑师可以做出轻巧、通透的外立面，为此还发明了一种由玻璃管焊接而成的镶板。为让建筑更显高耸，实验室均设计为复式结构，有中间夹层，所以外墙上环形砖部分对应的楼面只有7层，而实际是14层。意即，该实验楼共有7个双层。在圆形格网基础上绘制的正方形平面，4个棱角被磨圆，而2个方形层之间的夹层是一个较小的圆。外墙是砖砌面板与水平焊接玻璃管组成的半透明镶板的结合体，因而从外面可以隐约看见大楼的构造，尤其是在夜间。

想成为可能，大楼立面同样用金属片和玻璃构成。

　　赖特晚期的作品中，他一如既往地不断尝试新的构造，其研究成果前无古人。他让建筑的水平维度与地面平行，借助尖顶、圆顶或喙形元素向云端纵伸。

　　这些设计不同于他的成名之作，但如果想要了解赖特的作品，体会他永不知足的探索欲望，便不能忽略它们的存在。

　　他钻研装饰元素，时而使用几何图形——他多年来一直是装饰艺术派的继承者——新玛雅风格，时而倾向东方特色，比如低圆拱和齿状上楣。

弗兰克·劳埃德·赖特，普莱斯大厦，1956年，俄克拉荷马州，巴特尔斯维尔，美国

建筑师的另一座树式建筑，其楼体结构错综，由多个细小的元素组合而成，可见设计者不希望自己的作品过于平整、密实。尽管仍带有赖特20世纪20年代其他项目的影子，但几何形的装饰、密布的遮阳薄板、水平与垂直维度的交替，以及大量的棱角元素和有色玻璃，俨然是一座美国当下最流行的装饰艺术风格建筑。

53页图·**弗兰克·劳埃德·赖特，犹太教堂入口处细部，1953年，埃尔金斯帕克，宾夕法尼亚州，美国**

埃尔金斯帕克的犹太教堂的平面呈三角形，立面内倾，支承起一个高大且多棱角的六边形穹顶，其他向外凸出的三角形和喙形框更衬托出顶部的尖耸。这是他最后的作品。这座中心对称平面的建筑，以三角形贯通各个维度，借此寻求在空间中的纵伸，就像它的喙形角或三角雨棚所表达的那样。结构紧密且多棱角的透明玻璃穹顶使三角形的经纬更为明显。赖特以一个直冲云霄的透明体结构作为对垂直空间探索最后的解答，比约翰逊制蜡公司实验楼与古根海姆博物馆内的玻璃天窗方案更胜一筹。

纽约古根海姆博物馆

所罗门·古根海姆希望有一座博物馆来展示他的藏品和举办现代艺术临时展。赖特为他设计了一个平台，在上面放置了一座小小的圆柱形建筑和一个较大的倒扣圆锥体，平滑、纯白的表面上留有一道道水平切割的痕迹。中空的主体建筑周缘是螺旋向下的走道，从最高、最宽阔处通向大厅。这件设计作品是对纽约城市布局的一次绝妙的逆向综述：圆形对平行六面体、低矮对高耸、倒置的锥体对金字形通灵塔。赖特在这里将勒·柯布西耶未完成的博物馆中的螺旋走廊翻转过来，从螺旋体的中心出发可以无限发展，寓意博物馆的天然属性——不断积累、不断扩大。赖特还将

这种螺旋结构运用到同一时期设计的旧金山莫里斯礼品店和纽约的奔驰店中。巨大的中空空间和四周的长廊被完全封闭，通过一个偌大的天窗解决照明问题，与拉金公司办公楼、约翰逊制蜡公司实验楼和马林县政中心的方案相同。毫无装饰的绝对形状不会干扰馆内的展品，这是一次真正的建筑与艺术间的漫步，观众在任何角度都能够欣赏到建筑的每一个角落。碍于走廊的斜坡，观赏展品的体验并不十分舒适，不过赖特并不在意，于他而言，建筑才是首位。也许建筑师在设计小住宅时会套用模板，但在唯一性的建筑作品上，他始终保持绝对的原创性，前无古人，甚至也后无来者。

下图

弗兰克·劳埃德·赖特，古根海姆博物馆内部，1943—1959年，纽约，美国

赖特设计的多层建筑皆为封闭体，螺旋走廊面向中空的大厅，偌大的天窗占据了整个屋顶。拉金公司办公楼、约翰逊制蜡公司实验楼，以及古根海姆博物馆，无不如此。在这里，楼厅是一段持续向下的通道：从高处出发，在大厅结束，最后来到一个新月形的水池边。对观众而言这是一段不间断的参观历程，可以感受到空间从中心向外发展的动势，这也是赖特最后的研究成果之一。

上图
弗兰克·劳埃德·赖特,古根海姆博物馆外部,1943—1959年,纽约,美国

锥形楼体表面被水平地环切,切口处的高窗能为展品提供采光,却不为观众所察,同时也更好地勾勒出建筑的形态,就似一个个重叠摆起的圆盘。

56页和57页图
弗兰克·劳埃德·赖特,古根海姆博物馆玻璃天窗,1943—1959年,纽约,美国

从下往上看到的天窗就像这座偌大的中殿头顶的皇冠,也是唯一的光源,玻璃天窗的装饰图案与窗形浑然一体,该图形曾多次出现在建筑师的作品中。

欧洲建筑巨匠

　　勒·柯布西耶与阿尔托是接近同一时期的两位欧洲建筑巨匠，尽管他们对建筑的诠释方式各有不同。勒·柯布西耶生活在巴黎这个文化艺术世界的中心，他周游世界、写书，提出有独创的理论并参与了国际现代建筑协会的组建。

　　他的每一件作品都是一部建筑类型、形态与格局的宣言。无论地处何方，他设计的建筑总能由内及外地散发强烈的立体感与肌肉感。放下初出茅庐时的白色系列理性主义作品，他使用粗野主义的语言作为对力量的表达以及与空间的对立。裹挟纯粹主义的形象艺术宝库，他对建筑互补空间无与伦比的操控力，迸发在朗香教堂这件举世无双的作品之中。他做过许多城市规划设计，对巴西、美国和日本的现代建筑发展影响深远。

　　阿尔托居住在赫尔辛基，徜徉于海湾、湖畔与森林之间，他不写书，也很少旅行。他的设计探索如何将一座建筑置于某地而不打破其平衡，借助蜿蜒流动的形态，他将建筑平面延展为扇形或向上纵伸为三角形，让光线由此渗透。每一次，当他实现一个可共享的结构与形式组合时，阿尔托便将其作为既定的模板重复利用。此外，他也做过一些城市花园派的规划设计。

59页图
阿尔瓦·阿尔托，圣灵教堂内部，1963—1965年，
沃尔夫斯堡，德国

勒·柯布西耶

　　1950 年后，勒·柯布西耶已是全世界最知名的建筑师之一。他设计建筑，也做城市规划，他画画，也搞雕塑，他写作，发起国际大会探讨当代建筑中的主旋律（"城市之心"、古建修复、住宅类型），提出自己的理论，创造新的术语，为家具和建筑寻找新的比例系统（模度）。自然而然地，他的每一件作品都是一次昭示、一场宣言，是布局、结构类型与艺术形象的典范。继朗香教堂（只此一件作品便足以让一位建筑师名垂青史）以后，他又设计了 5 处"居住单位"，位于艾维的拉图雷特修道院（1960 年）、菲尔米尼文化中心（1965 年）、巴黎的热乌勒公寓（1955 年）、昌迪加尔行政中心（1955 年）及波士顿视觉艺术中心。其中，"居住单位"是法国重建计划中的一个重要项目，而昌迪加尔项目对现代建筑在新兴国家中的推广意义非凡。所有这些主题各异的作品都成为当代建筑的纪念碑，迅速激起公众的广泛兴趣与评论界的普遍赞赏。勒·柯布西耶的世界里不存在锐变，他要的是连贯性与延续性，让每一件作品都自成一格。他的每一处建筑都是一座孤岛：拉图雷特修道院建在乡间一处斜坡上，朗香教堂位于山丘之顶，热乌勒公寓坐落在巴黎市郊，昌迪加尔的行政中心设在城外的一片平地上，还有"居住

左图

勒·柯布西耶，视觉艺术中心，1963 年，波士顿，马萨诸塞州，美国

　　建筑师最后的作品：位于"S"形人行坡道上的一座桥式建筑。这是一种新的建筑形式，"桥"的一端与一座建筑师惯用的底层架空建筑相连。两边曲面体的建筑承担了空中花园的功能。建筑立面分两种类型，或是有垂直的遮阳板，或是用大幅的斜面板，为建筑表面赋予深度。

单位"（除了马赛公寓）也都建在中心居民区之外，但唯有如此方可展现它们的独一无二、雕塑般的力量以及巨大的城市规划价值。

对建筑形式的创新在波士顿视觉艺术中心的设计上尤甚，建筑师以一条"S"形平面的人行道贯穿建筑，坡道的上上下下起到展示性的作用（因为并没有功能上的必要性）——让人们可以在步行时欣赏到建筑的各个方面，也体现了建筑师对底层架空空间连续感的维系。

当然，拉图雷特修道院也是一件革新之作：它是西多会修道院中的经典建筑，其平面图呈正方形，但由多个层次构成，在庭院中设两条十字交叉道路连接各楼。及至昌迪加尔时期，甚至每一座建筑都有与其建造目的相应的新构造。

建材，符合粗野主义原则的裸露的水泥面，与建筑结构的化合，总是能满蓄能量，打造出一种粗犷的、肌肉感的、雕塑般并富有创造力的形象。源于理性主义的建筑形态经过改变，加之建筑师对建筑、雕塑和绘画的超凡驾驭能力，昌迪加尔高等法院的顶棚便由此而来。这座由三面薄片式柱桩支承起的曲面顶翼楼极富立体感，旁边紧挨着一座办公楼一般式样严谨的模块组合式建筑。

拉图雷特修道院的教堂是一座完美的平面六面体水泥建筑，光的营造，或水平或垂直向的光线切割，以及教堂后殿那雕塑般外凸的轮廓，让整件作品焕发出诗意。此外，波士顿视觉艺术中心大楼的曲面造型充分展现了建筑师的立

上图

勒·柯布西耶，文化中心，1965年，菲尔米尼，法国

这是一座长条形的双层结构建筑，位于峭壁上的正立面向前倾斜，且造型十分大胆，以对侧反方向外倾的立面作为支撑结构。倾斜的外立面在建筑内部创造了大阶梯空间。一座雕塑感的水泥楼梯将建筑物与下方的田野连接起来。仅在特定位置使用少量的色彩点睛。

体表现能力。菲尔米尼文化中心大楼的立面则是双双上延岔开，以一条悬链线相连支承，正立面以山岩陡壁边缘线为起点向前延展。

对勒·柯布西耶而言，建筑语言的元素可以重复出现，比如跟随音乐节奏作不规则摆放的竖式遮阳板，他用于菲尔米尼文化中心大楼、波士顿视觉艺术中心的低矮建筑上，也用到拉图雷特修道院的三层建筑中，靠近两个教士单人间楼层的粗糙水泥外墙上。外立面不再是白色的平面，也不再需要二维的创作，所有立面都是三维立体，就像"居住单位"里大片的蜂巢立面、波士顿项目中内深的斜面墙与昌迪加尔议会大厦的门廊。立面的墙体不断后移，直至化为无形。

建筑元素被赋予雕塑的形态——曾经的"圆柱"已经消失，取而代之的是昌迪加尔高等法院项目中出现的薄片柱，或是"居住单位"架空柱的变体，以及被用于拉图雷特修道院的矩形柱。雨水蓄水池是一个基础几何造型的水槽，就像尺寸和轮廓被夸张化的排水沟。

建筑师极少描绘色彩，在选色上也只取纯色以营造光效，比如拉图雷特修道院的地下祭坛。但他特有的绘画比例无处不在，就像我们看到的昌迪加尔议会大厦的正门和立柱。即便是绘于拉图雷特教堂内墙或"居住单位"外墙上的日式图形，也从不缺乏对构图比例的关注。

不考虑他写于1927年的"新建筑五点"，建筑师追求创造不同的效果，平顶、恣意挥洒的平面布局和隐于第二道立面下的条形窗被保留下来。1965年8月，勒·柯布西耶在罗克布吕纳游泳时去世，在浩瀚的海洋中走向终结，仿佛有一种象征意味。他被葬于门托内一座由他自己设计的极简主义、纯粹风格的墓地，这里只有少量几何元素的叠加、一点颜色以及手写的碑文。

下图和63页图

勒·柯布西耶，拉图雷特修道院外部与内部，1960年，艾维，法国

继朗香教堂之后，多明我会神父高缇耶委托勒·柯布西耶以西多会修道院为模型设计一座新的修道院。因此它的平面为正方形，教堂位于一边；但其建筑结构十分复杂，根据功能分布在多个层面（图书馆、用膳处、接待处），两层的教士的小房间位于高处，从外立面上便能一眼看出区别。教堂是一个平行六面体，但勒·柯布西耶在其地下位置开挖出祭坛，用于单独举行的宗教仪式，光线透过天窗照亮地下，每个祭坛都用不同的色彩加以区分。

朗香高地圣母教堂

　　勒·柯布西耶的形象艺术力量根植于建筑之外，源自他的纯粹主义绘画经验和与立体派画家奥占芳的频繁交往，也离不开他对毕加索雕塑与阿尔及利亚地区姆扎卜绿洲上充满感召力的自然朴素的白色建筑（在 20 世纪 30 年代发现）的了解。正是这样的土壤才孕育出雕塑形态的圆柱、烟囱、管井和台阶，又在 20 世纪 50 年代将三维立体的纵深感赋予建筑外立面。摆脱形式与功能统一性要求的束缚，他在孚日山脉山丘之巅肆意挥就出一座能够完全展现他所有形象艺术功底及潜意识中无限想象力的建筑——朗香高地圣母教堂。

　　教堂的平面近似正方形，但每条边都凹凸有致。北墙与西墙弯曲成钩状以容纳自上而下的光线，入口通道处的墙体厚实坚固，墙面上不规则地开出的楔形深窗，玻璃上涂满了稚气的字体或图案。祭坛后方朝东的墙壁，按基督教的传统内曲，以便为墙外的另一个祭坛留出位置。

　　所有这一切都笼罩在一个偌大的黑色水泥方拱之下，外墙顶端的一道水平光线消解了它的沉重感。每个元素都是一个建筑维度下的雕塑形态：从圆帽式的塔楼、垂直的遮阳板、带窗洞的墙壁，到排水沟、蓄水池和外部的小台阶。大门上亦有建筑师的彩绘。加之不可捉摸的外观，整座建筑俨然一件令人叹为观止的艺术珍品。建筑内部空间较小且光线昏暗，整体朝祭坛方向倾斜，恍若置身于岩洞之中。

　　这是一件脱离传统的作品，评论界与建筑师为之震惊（也有负面评价），建筑（不仅是宗教建筑）由此摆脱了类型上的束缚。朗香教堂已然成为不可动摇的经典，不断被模仿。

左图

勒·柯布西耶，高地圣母教堂内部，1954年，朗香，法国

　　内部空间较小，光线只能通过其中一面墙上不规则排列的几扇小窗进入，这些窗宛若岩洞中天然的孔洞。每块窗玻璃上都有笔触稚气的文字或图案，似是路人随手之作，而非建筑师的手笔。类正方形的平面中每条边的形态和内涵各不相同：其中三边像是笔画的线条，第四条边却有着"罗马式"的宽厚，又如城垛般微倾，穿墙而过的窄窗酷似城堡的射击孔。

上图

勒·柯布西耶，高地圣母教堂东南侧，1954年，朗香，法国

入口处的墙壁向外延伸以支撑屋顶，而东侧墙呈曲面，好似室外祭坛的"半圆殿"，旁边还有各种雕塑般打造的物件，如布道台、阳台、立柱。

阿尔瓦·阿尔托

　　从地理位置上看，芬兰位于欧洲的边缘。就语言和传统而言，又与其他斯堪的纳维亚国家相距甚远。与其辽阔的疆域相比，那里人口稀少，那是一片拥有无数湖泊与林地的平原。也因为这样的地理位置，芬兰在文化上既保留了本国的特质，又参与到欧洲文化运动之中，不乏各类艺术、文学和音乐活动，手工业同样如此，阿尔瓦·阿尔托便是建筑领域的代言人。战后，年近50岁的阿尔托走出对民族主义的缅怀，摆脱现代主义运动中冷漠的纯粹主义，他没有用笔记录自己的理论，而是通过其作品来表达他身为一名优秀而沉默的手工艺人的建筑语言。他的建筑低矮、伸长，与自然环境相依，与"大地"相偎，不会出现勒·柯布西耶的架空柱（有两座高层住宅楼例外），但都建在不来梅和卢塞恩这些芬兰之外的地方。他为小镇设计的房子总有因地制宜的尺寸，比如地处湖中小岛的珊纳特赛罗市政中心设计，其庭院式的平面设计有如一座传统的牛奶场。在建筑形态构成方面，阿尔托有他明确的标准：客流较少的功能性场所（教室、办公室）是线性的、规则的、"理性"的；而客流量较大的场所（会议厅、教堂、阅览室）则是"有机"的、梯形或三角形的，罕有曲线形式。无论是奥塔涅米的大学校园，在罗瓦涅米和塞伊奈约基的小型图书馆、在伊马特拉和拉赫蒂的教堂以及在赫尔辛基的芬兰

**阿尔瓦·阿尔托，教堂外部，
1955—1958年，伊马特拉，芬兰**

　　阿尔托设计了一座三间式教堂，通过移动隔断墙可将各个空间连通，线条流畅的外墙更凸显建筑的构架，白色的楼体与锃亮的金属顶棚结合，形似三段渐进的波浪。这类有机形状，建筑师在其他扇形平面设计中也多次用到。

左图

**阿尔瓦·阿尔托，教堂内局部，
1955—1958年，伊马特拉，芬兰**

　　每个窗户都有内、外两扇窗，跟随墙面的运动变化，密集而参差地垂直排列，从上方射入的光线仿佛要穿越一片丛林：此类垂直安装的薄型窗在建筑师的很多作品中都有出现。

68页图
阿尔瓦·阿尔托，麻省理工学院学生宿舍，1949年，剑桥市，马萨诸塞州，美国

阿尔托设计的学生宿舍外形蜿蜒曲折，柔和自然地融于周围景色，正立面平顺素雅，凸出的外楼梯以及半地下的曲面公共空间位于大楼另一面。

下图
阿尔瓦·阿尔托，麻省理工学院学生宿舍，建筑平面图与食堂，1949年，剑桥市，马萨诸塞州，美国

建筑主体造型简洁，窗户排列井然有序，其蜿蜒曲折的造型尤为特别，可将外部空间自然流畅地纳入建筑中来，似乎再现了他为纽约世博会芬兰馆（1937年）

所设计的波浪墙。阿尔托将突垂的楼梯坡道置于建筑背面，以静态衬托动态，让建筑构成生动起来。在室内，建筑师不忘对"家"的关注，甚至在前厅处放置了一座壁炉。根据他的设计标准，为方便人群集中，有些场所可以设在地下，这里的食堂虽处半地下室，但却有双倍的层高，不影响采光。

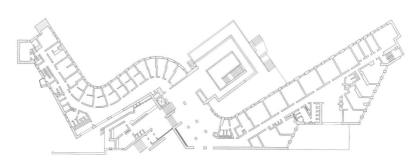

阿尔瓦·阿尔托，高层住宅楼，1962年，不来梅，德国

这是阿尔托设计的两栋高层住宅楼之一。建筑平面为扇形，所以每套公寓的平面均呈拉长的梯形。弧形的正立面向阳而起。

地亚大厦等项目，还是位于丹麦的公墓和沃尔夫斯堡的文化中心，阿尔托的设计无不遵循这一标准。

出于同样的原因，赫尔辛基文化宫无窗的凸面外墙，或是埃斯博的理工学院主楼，皆非几何形式的圆有一种无法接受的僵硬感，而是部分的弯曲。建筑师试图削减生硬的棱角，让建筑自然流淌于空间之中：用由小渐大的阶梯状重复元素组成的扇形构造是其中根本。平行于地面建筑主体向着天空与阳光攀升，收于三角形顶角端点，就像在珊纳特赛罗、塞伊奈约基的市政中心和奥塔涅米的大学项目中那样。而蜿蜒曲折的外形则与剑桥市的（马萨诸塞州）麻省理工大学学生宿舍或伊马特拉教堂如出一辙。不来梅和卢塞恩高层住宅、塞伊奈约基和罗瓦涅米图书馆以及罗瓦涅米住宅的扇形平面亦是如此。他的空间从来不是静态的，总在缓缓地变化和流动，与自然运动的速度和节奏琴瑟同谱，与内外兼顾的建筑思想延续性相辅相成。阿尔托在每一座建筑中寻找光，他借助屋顶天窗捕捉从上而下的光线，比如他设计的市政中心与赫尔辛基养老院的天窗，图书馆阅览室顶部的漏斗窗，或是像伊马特拉教堂那样宽而高的大窗，抑或里奥拉教堂和理工学院主楼里那样用大型横梁分隔而成的屋顶天窗。在如此严谨的标准下他还设计了水平薄型窗、扇框排列密集的垂直窗、针对办公室和图书馆使用的模块化的建筑原型，以及一种以水平突出梁连接的梯形大门结构。延续性和相似性始终贯穿阿尔托的设

计，从主题到细节，乃至整座建筑。

他的建筑拥有自然的过渡，昭然于设计草图，从城市到自然，从大地到天空，从设计起点到周围环境，从建筑内部到外部光线。在选材上也充分考虑与自然的结合：裸露的红砖、白色的灰泥层、来自芬兰森林中的原木、金属（尤其是铜和陶瓷）特制的半圆形瓷砖按他的设计垂直排布。除了材料固有的颜色或陶瓷的灰色与深蓝色，他不会使用叠加的色彩。阿尔托也设计为数不多的家居用品，如椅子、凳子和沙发，其木质工艺尽显自然、简约，这些弧形折角搭配黑色皮革或帆布的座椅，还有波浪曲线瓶口的玻璃花瓶以及用薄板分割光线肌理感的灯具（就像他设计的某些窗一样），至今仍在生产。

阿尔托对简单材料的创造性应用也体现在许多细节中，比如珊纳特赛罗会议厅上的木质桁架，其檩条从系杆中心出发呈扇状发散；或是伊马特拉教堂内的长凳和管风琴，以及木柱带覆盖下被弯折成弓形的墙面。可以说，阿尔托是一位纯正的有机主义建筑师，不向表现主义让步。他被称为"有机主义者中最理性主义的人，理性主义者中最有机主义的人"。阿尔托的建筑形态与结构设计具有高度辨识性：虽不见模仿者，但他的建筑构造、采光研究、材料选择以及整体教学方法在芬兰建筑界留下深深的足迹。

上图

阿尔瓦·阿尔托，理工学院主楼，1955—1960年，埃斯博，芬兰

建筑师的设计理念在此得以集中体现：在天地之间以三角形态伸展的建筑物内含两个深度不同的空间。所以，拱形的外立面被做成阶梯状，对材料的选择十分严谨。

现代主义的传播

当代建筑之风席卷西欧，局部影响美国。1945 年后，墨西哥、日本、巴西和印度部分地区也被卷入这场风潮，这些国家有的出于政治原因（墨西哥和巴西），有的因为文化因素（印度和日本）仍然保有独立性，但都在建筑史上铸就各自辉煌。勒·柯布西耶对巴西的影响举足轻重，他受邀担任巴西教育卫生部项目顾问时，柯斯塔、尼迈耶等一些青年建筑师也参与其中，为里约新规划提供了题材广泛且具有重要意义的设计作品，同时他担任教职，传授自己的建筑语言，尤其是为新生代打开了通往创造之路的大门，深受瓦加斯与库比契克这两位年轻总统的赞赏，后者更是成为尼迈耶的资助人。日本文化上的孤立性自 19 世纪中叶开始减弱：勒·柯布西耶的现代建筑通过与他在巴黎共事的前川国男传到日本，而前川也是丹下健三的导师。这两位建筑师的杰出之处在于对抽象构造的领悟、对木结构建筑元素设计的把控，以及对传统建筑线性象征符号的运用，并成功将其带向新的建筑语言。同样地，凭借少数人的作品激发出的巨大潜能，让日本跻身当代建筑行列。勒·柯布西耶为印度旁遮普省新省会城市昌迪加尔所做的城市规划，与他和路易·康的其他作品一样无人能仿，在传统建筑缓慢的进程中被逐渐吸收。内战结束后的墨西哥为现代主义艺术家提供了表现的舞台，让胡安·奥格尔曼与路易斯·巴拉干构想的作品成为现实，殊途同归的他们是当代建筑语境中对墨西哥传统的最佳诠释者。

73页图
丹下健三，体育馆，1964年，东京，日本

昌迪加尔

印度与巴基斯坦的分离导致旁遮普省大量印度教流亡者的孤立，他们需要一个新的首府，经历数次失败的尝试后，勒·柯布西耶受邀出马。对这座耸立于平原之上的昌迪加尔城，建筑师采用了历史悠久的典型规划法——棋盘式城市格局。但独立建筑群数量较少，体量巨大。道路按重要性分为七个等级，从交通干道一直到建筑群内的步行街。市中心设有商业区，而行政中心则位于最北端，一方面，可以保证充足的建造空间；另一方面，作为城市的顶端和湍流的一头，立足于此尽可将绿色走廊一并纳入建设布局，体现出城市强大的独立自主权。勒·柯布西耶一直梦想着建造一座理想城，他20多年前便开始构想的"光辉城市"：这是一座供公务人员与职员居住的城市，一个在绿色中生活的地方，一份严谨的规划图。这里没有任何形式或象征性的研究，在城市布局中，只要最大程度的理性便已足够。每个建筑群都是一座小型花园城市，低矮的住宅、大片的绿化、区内只保留步行道，并设有花园和学校。住宅的设计被委托给两名英国建筑师，即简·德鲁和麦克斯韦·福莱，以及他的堂弟让纳雷。勒·柯布西耶只为（印度）平民设计过一种房屋，他将全部精力投入行政中心的建筑设计，更意味深长地将其命名为"罗马市政广场"（Campidoglio），并为之奉献余生（1965年逝世）。

左图

勒·柯布西耶，"张开的手"，建筑师逝世后建成，1965年后，昌迪加尔，印度

市政中心广场上的标志性建筑，也是建筑师的一枚徽标，他笃信"宽容地接受，无私地给予"。

上图

**勒·柯布西耶，议会大厦，1955—1961年，
昌迪加尔，印度**

　　勒·柯布西耶致力于行政中心建筑的设计。为此，创造了具有纯粹主义象征寓意形态的巨型门廊，建筑与水的关系在这里表现为池水对建筑的隔离。

巴西

现代建筑在南美的传播几乎完全集中在巴西，它是唯一一个勒·柯布西耶到过的南美国家，在那里，他参与了位于里约热内卢的教育卫生部办公楼项目（1946年建成）。他还为里约热内卢绘制了城市规划草图，乌托邦式的项目方案集城市规划、建筑与景观于一体。此外，他也是现代建筑国际代表大会组织者之一。经历了多产的巴洛克时期后，巴西并没有一个属于自己的建筑流派，无论是新古典主义、折中主义建筑，还是花叶饰风格，都倚靠欧洲文化而生。城市规划方面最重要的两大工程分别是19世纪末贝洛奥里藏特的建立——当时被视为优秀典范的华盛顿城市布局图被应用到这片崎岖不平的土地上，以及戈亚尼亚城市规划（1939年），设计师希望在那里重现一座凡尔赛式的公园。然而，在此之后所有的城市规划或新市中心设计项目却均告失败。

活跃在1930年后的这一代建筑师汲取了欧洲理性主义语言，我们从在英国和瑞士学习过的卢奇奥·柯斯塔和从俄罗斯移居至此的格列戈里·沃尔查复契克为圣保罗设计的别墅和住宅中便可清楚地看到这一点。1945年之后，巴西的建筑师们选择了一条具有大量鲜明的勒·柯布西耶特质的路线，代表人物有里诺·勒维与亨利克·明德林，更有罗伯特三兄弟（马塞罗、米尔顿与莫里塔），他们是里约热内卢杜蒙特机场（1939年）、里约布兰科高层建筑（1956年）以及20世纪60年代甘勒社区住宅的设计者。阿丰索·爱德华多·里迪的作品追寻两条不同的灵感源泉，具有十分重要的意义。他设计的位于里约热内卢的佩德雷古柳（1947年）以及加维亚（1958年）大型住宅项目，是长度超过300米的集合住宅，蛇形平面的架空柱结构建筑在崎岖陡峭的地面上随等高线蜿蜒，大楼中间一层设为公共空间。这些作品与勒·柯布西耶为阿尔及尔和里约热内卢所做的方案在外形上极为相似。

而在里约热内卢现代艺术博物馆（1954年）以及一家剧院的设计中，里迪的建筑却是一个颇具代表性的、多棱角外层结构包覆下的平行六面体。

77页图

阿丰索·爱德华多·里迪，住宅，1947年，里约热内卢，巴西

建筑师阿丰索·爱德华多·里迪设计了这座位于里约热内卢丘陵地区、依等高线而建的大型集合住宅。这是一处由小微型住宅组成的"居住单位"，有中间层和屋顶平台作为公共活动空间。与20世纪50年代巴西所有的建筑一样，其建筑语言明显受到勒·柯布西耶风格的影响。

左图

罗伯特·布雷·马克斯，国防部花园，1954年，里约热内卢，巴西

罗伯特·布雷·马克斯是巴西第一位景观设计师，也是本土植物学家和探索者。在他的设计中，花园拥有不变的形态，园内既有绿色元素，又有鹅卵石和水泥这样的干性元素，体现了他对禅学的长期思考。

奥斯卡·尼迈耶

　　这场巴西建筑风潮中最重要，也最具争议的代表人物当属奥斯卡·尼迈耶，他从 1937 年起活跃至今。尼迈耶汲取了勒·柯布西耶的语言元素，如对建筑体的有力切割、大面积裸露的水泥面、重复而有序排列的遮阳板、雕塑感的管井，并通过立体构造以他原创的方式予以诠释，他的立体造型亦非自然元素的衍生，仍源于勒·柯布西耶的纯粹主义绘画与雕塑，充满偾张的形象艺术表现力。尼迈耶是一位超凡的形体发明家，在他 70 多年的职业生涯中，不断涌现出新的、独创的形状，使其作品具有高度的辨识性。有时，他将一道白色的门廊重叠于一个常规立方体之上，用一串巨大的连拱构建外立面，就像位于米兰省塞格拉泰市的蒙达多利出版社大楼（1975 年），或巴西的阿尔瓦瑞达宫（1960 年）；有时，建筑形体被赋予象征意义，如巴西利亚大教堂（1960 年）或位于潘普利亚的圣方济各小教堂（1945 年），还有法国勒阿弗尔的地下广场。"S"形平面的圣保罗科潘大厦（1957 年）和位于贝洛奥里藏特的三叶草形的高楼（1962 年）外立面由密布的水平遮阳板构成，玻璃幕墙被掩藏在遮阳板深处，整个形体显得更为圆润。

　　尼迈耶近期的作品中常常出现意想不到的、有交流感和雕塑感的形体，此时的建筑仿佛变成了一个标识，无须考虑功能性，巴西利亚的国家博物馆（2006 年）和尼泰罗伊当代艺术博物馆（2007 年）便是如此。尼迈耶是巴西利亚所有主要建筑的设计者，也是柏林汉萨街区的建筑师之一。他希望自己的设计能够体现巴西传统特色，却成为国际化的语言之一。

下图

奥斯卡·尼迈耶，外交部，1962—1965年，巴西利亚，巴西

　　勒·柯布西耶 1955 年以后的作品中出现了以醒目的结构性元素组成的外立面，将墙面隐于其后（例如波士顿的"居住单位"）。尼迈耶从他在巴西利亚的项目开始，对这一理念进行阐释，他设计出简洁的立方体建筑，在外加套白色连拱廊结构，拱的设计各式各样。根据委托人的要求，米兰省塞格拉泰市的蒙达多利出版社大楼借鉴了这座外交部大楼的超级柱廊。

杰出作品
巴西利亚

1955年，巴西政府决定建造新城——巴西利亚。这是一个具有政治和战略意义的选择，标志着对新区域的征服，巴西的发展开始从沿海地区伸向内陆，城市居民区逐步由南部向北部转移，就像1885年选择在距离里约热内卢西北部800千米处建造新城贝洛奥里藏特时那样。

卢奇奥·科斯塔凭借他徒手绘制的设计稿，在1957年的竞标中一举夺魁。他创作的平面规划图形状颇具象征意味，好似一只风筝、一架飞机，或是开荒者旗帜上的十字符号。代表性的中轴线上分布着中央政府各部的办公大楼、剧院、大教堂，三权广场就位于伸向人工湖的一头。十字交叉处设有公交车站，寓意与周边所有地区互连。弯曲的双翼是住宅区的所在，高层建筑位于超级方街内，多层公寓则是在方街里。

一个预计容纳15000名居民的城市，现正受困于周边区域无序的扩张，沦为大片郊区。但错不在设计者，只因我们发展得太快，"如今的25年就像从前的一个世纪"。

作为评审委员会一员的尼迈耶受邀设计城市建筑，他为此投入了全部的创造力，以充满强烈寓意的形态和空间演绎作品，在建筑史上挥就新的篇章：无论是圆顶的低层建筑、双塔办公楼、结构酷似皇冠或鱼骨的大教堂和月牙形廊拱，还是围绕在大型建筑群周围以阶梯塔相连的四组建筑。

从城市规划到建筑，在巴西利亚，无设计不寓意。

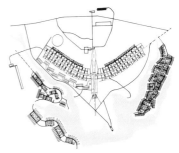

上图

卢奇奥·科斯塔，巴西利亚城市规划图，1955—1957年

这座城市的轮廓似风筝，似飞机，又似一枚十字架，双翼呈弓形张开。代表性的中轴线顶端设有政府办公楼，两翼为住宅区。

下图

奥斯卡·尼迈耶，三权广场，1962—1964年，巴西利亚，巴西

它是这座城市的地标，在一座低矮的建筑上设置了一个正扣、一个倒扣的形似教堂后殿圆盖的屋顶，分属上议院和下议院。广场中央矗立着一座中间轻微分叉的高层办公楼。

日本

　　1945 年日本住房缺口超过 400 万套，其中 250 万遭毁，另有 180 万的缺口战前就已经存在。重建的住宅以传统式建筑为主，多为低矮的预制结构房屋。5 年内共建成 200 多万套，因工程时间紧迫，住宅项目中没有一流建筑师的参与，他们致力于代表性建筑的设计，如办公楼、博物馆、火车站、大学等。历经数百年的闭关锁国，传统保守的日本向世界打开大门，日本建筑师将目光投向现代欧洲，而欧洲人发现了日本本土建筑。即便是日本，早年也颇受勒·柯布西耶风格的影响，1928—1930 年，前川国男就曾在他的建筑事务所工作。前川把粗野主义的语言带回故土，并将其与日本传统建筑形式相融合，因此出现了像东京文化会馆（1961 年）及东京都美术馆（1975 年）这样的大规模革新之作，但他设计的晴海居住单位（1958 年）却未能获得成功。

　　丹下健三在前川的事务所工作了 4 年，从设计竞赛中胜出之后他很快便将勒·柯布西耶的语言应用于广岛和平纪念馆（1956 年），这座清水混凝土架空柱结构的建筑有着垂直遮阳板构成的外立面。与之同类的还有旧东京都厅舍（1957 年）以及仓吉市厅舍（1956 年），这个用勒·柯布西耶建筑的

下图
前川国男，东京文化会馆，1961年，东京，日本

建筑师引进了勒·柯布西耶建筑的形象语言，将裸露的粗糙水泥面与日本传统建筑形式相结合，如大型檐口、切面和清晰可见的房屋结构。

上图

丹下健三，和平纪念馆，广岛，日本

建筑师以勒·柯布西耶原则为灵感设计出的第一件作品，盒式的直线形建筑立于架空柱上，仅凭借垂直遮阳板便构造出三维立体的外立面，遮阳板后面的玻璃幕墙被完全遮挡。

立面元素绘就的简洁立方体建筑。在之后的作品中，其建筑发生了巨大的形象转变：外露的木制横梁与立柱组装搭接而起的传统建筑换上了体量巨大的水泥之躯，充满了源于中国明朝传统绘画与符号的强烈立体感。香川县厅舍与仓敷县厅舍便是其中代表，此类作品在国际舞台上迅速走红。

遵循同一种模式，丹下为东京设计了两座形似帐篷的奥运会场（1964年），其中一顶缠绕在一根圆柱上，另一顶则抻开在两根立柱之间。这些作品充分体现了建筑师在混凝土造型方面卓越的创造力。

1960年，伴随新陈代谢派的兴起，以机械设备为灵感的新形式进入形象艺术中来，出现了乌托邦式的巨型结构设计。丹下迅速抓住先机，发表了他的东京扩建计划（1960年），用自己的作品诠释这股文化风潮。静冈新闻广播

东京支社是一座高达 60 米的圆柱形建筑，上面竖直地挂着一个个房间，它是城市基础结构交点上的一栋核心建筑。

山梨文化会馆是一个由多座圆柱形交通塔组成的建筑群，办公楼像一座座桥那样架在圆塔之间，它是这股潮流下建成的规模最大的项目。在此之后，丹下的作品更倾向新理性主义类型，体现强烈的结构特征，且宏伟大气，比如联合国大学（1955 年）和东京的富士电视台本社大楼（1966 年）。

矶崎新是丹下的学生，他是一位建筑语汇的创新者。在他早期的作品中可以看到粗野主义的语言，比如出现在九州岛大分医药联合大厅的水平圆柱，但其后的设计则是以启蒙主义建筑师勒杜的作品为灵感。他通过多种形式，在立体的正方形格网上展开设计，就如风格严谨的高崎市群马县立近代美术馆（1974 年）以及北九州市立美术馆（1974 年）的设计，建筑师在低矮的建筑上平行地架上两块长方体，充满了形象艺术张力。在同一时期，他还设计了多座半圆顶建筑，大楼主体与立面灵感都来自法国的启蒙主义建筑师。1983 年完成的筑波中心广场可谓是丹下最有意思的作品之一，其设计充满时代感，同时也借鉴了坎皮多里奥（罗马市政厅）广场的建筑语汇。另一座设计于 1990 年的水户艺术馆广场，其空间更为封闭，可见一座百余米高的形似折纸的金属塔矗立于广场之上。

1960 年后的日本活跃着一群忙碌的建筑师，尽管建筑语言各异，但无不展现出细腻精致的形象艺术才华，让日式风格成为世界上重要的建筑流派之一。

左上图
丹下健三，东京城市规划图，1960 年

东京规划（1960 年）建议，通过大规模城市布局，在 20 年内完成对海湾的开发。斜向的双中轴线作为城市脊椎，沿线设置办公楼和公共部门，密切服务于城市中心，并通过公交系统和道路设施将其与对岸相连。街道中心线呈垂直分布。

右上图
丹下健三，山梨文化会馆，1966 年，东京，日本

它是一座标志性建筑，也是巨型结构运动中规模最大的作品。其结构并非钢铁铸造，而是以混凝土浇筑，形式感极强。

83 页图
矶崎新，广场，1983 年，筑波，日本

以几何形式设计的中央下沉式广场借鉴了坎皮多里奥广场的样式，建筑师广场辟出一角引入水帘，令人联想起米开朗琪罗未完成的作品。

墨西哥

 1920 年，内战结束后的墨西哥卷入现代主义设计运动，理性主义似乎是体现革命价值的最佳形式。闻名于 1930—1950 年的何塞·维拉格伦·加西亚是这股潮流中的导师。而胡安·奥格尔曼则是其中最知名的代表人物，他视功能主义为一种大众建筑形式，画家迭戈·里维拉与弗里达·卡罗位于墨西哥圣安吉尔的住宅（1935 年）皆出自他的笔下。受汽车流水线生产启发，他萌生出预制结构房屋的想法，勒·柯布西耶设计的位于巴黎的画家奥占芳居所也为他提供了灵感，后者在住宅设计中引入了一些色彩浓郁的墙面（紫色、深蓝色）：由墨西哥民族传统引发的一种变化。同一时期，他与政府合作，参与学校建设计划（短短几年内将建造 1000 多座学校），为国民扫盲。1938 年后，奥格尔曼脱离了理性主义，视其为一种新殖民文化的表达形式。数年后，他为自己设计了一座无具象平面的住宅（1956 年），并投身于以人民、历史、哥伦布发现新大陆前的文明为主题的巨制壁画创作：那些被称为托尔特克风格的典型的墨西哥题材作品。1950 年，奥格尔曼设计了大学图书馆———座 10 层楼高的无窗立方体建筑，表面覆盖着马赛克。巴拉干选择了墨西哥城南一片干旱的土地（一座死火山地区）作为校址，广袤的校园仿佛一座理想之城，由150 名青年建筑师共同完成。西班牙流亡者费利克斯·坎德拉自 1949 年起在墨西哥工作，他创造了水泥薄壳结构，就像巨大的贝壳，能让大胆、独创的建筑形体成为现实，从墨西哥霍奇米尔科湖的餐厅（1950 年）到西班牙瓦伦西亚的海洋水族馆（1997 年），该结构被应用于百余座建筑。佩德罗·拉米列兹·瓦斯奎斯的作品具有同样的重要意义，他是墨西哥城内人类学博物馆（1964 年）与瓜达卢佩教堂（1974 年）的设计者。

下图
佩德罗·拉米列兹·瓦斯奎斯，人类学博物馆，1964年，墨西哥城，墨西哥
 博物馆围绕一座庭院而建，建筑师仅用一根中央立柱支起一座顶棚，引流出一帘水幕。他用鲜明的符号象征历史的延续，也让庭院成为一处舒适的广场。

上图

胡安·奥格尔曼，大学图书馆外景，1950年，墨西哥城，墨西哥

一座10层楼高的无窗立方体建筑，覆盖着展现殖民题材（南侧）、阿兹台克文化（北侧）、现代墨西哥形式（东侧）以及玄奥主题（西侧）的马赛克图案。这是真正的教育与宣传大作，充满强烈的色彩、民族主题和象征符号（虽然有时并不容易分辨出）已经成为了大学城的标志。

路易斯·巴拉干

　　这一时期最重要的墨西哥建筑师要数路易斯·巴拉干。出生于瓜达拉哈纳的巴拉干游历甚广，他在巴黎参观 1925 年世界博览会时欣赏到霍夫曼、勒·柯布西耶和马利特·斯蒂文斯设计的场馆，后于 1935 年在巴黎结识勒·柯布西耶，又于 1938 年在美国与诺伊特拉相识。1953 年，他从摩洛哥归来，那里的阿拉伯居民区建筑给他留下了深刻的印象。巴拉干早期的作品以传统住宅为主，但在 1935 年迁居墨西哥城后，他的设计深受国际主义风格中纯粹主义（白色的几何造型房屋）的影响。1947 年后完成的作品是他最广为人知的，也是被认为最原创的杰出的设计，得益于他个性化的艺术视角以及对形状、光线与色彩的提炼。基本形状，甚至原始形状的小屋、小教堂、喷泉，或大型城市地标建筑，在建筑师无与伦比的色彩运用下悄然变化，每一处墙面都被涂抹上不同的颜料，色彩具象且不失质感。巴拉干多用原色（黄色、红色、蓝色）和粉蜡笔色（紫红色、粉红色、紫色、棕色），色彩组合也往往出人意料。他将光线作为认知工具，通过强烈的感官刺激实现建筑内部与外部的变换，引发观者的共鸣。这是墨西哥大众建筑的传统，但巴拉干更是将民间的、织物的、瓷器的、服装的传统转化到建筑中来。他会根据现场情况"调整"设计，以呈现最佳效果，直至每一寸细节的拿捏：从照亮天使雕像的隐形天窗，到用隔膜分割的可折叠反光百叶窗，木镶条的天花边，更有与建筑浑然一体的家具陈设。巴拉干还是一位景观设计学者和理论家。他的作品是如此独特，叫人一眼可辨，以至于无人能成为他的直接传承者。

左下图

路易斯·巴拉干，建筑师自宅屋顶平台细部，1948 年，墨西哥城，墨西哥

　　巴拉干的自宅兼工作室由传统房间，就像他设计的图书馆，与其他新式房间组成。建筑形体简洁，但每一面不同的色彩赋予其变化，建筑师对颜色的搭配具有高度的敏感性。此处呈现的是带烟囱的屋顶平台。

右下图

路易斯·巴拉干，圣方济各会小礼拜堂，1953 年，墨西哥城，墨西哥

　　巴拉干，一名虔诚的天主教徒，也是方济各会第三级教士，将沉思祈祷之所演绎为一方小小的空间，斜斜落下的光芒照亮人们的肩头：光线透过金色格栅，照入一个有着红色墙面与金色祭坛的房间。

右图

路易斯·巴拉干，卫星城塔，1957年，墨西哥城，墨西哥

5座不同规模、不同颜色的塔楼被刻意地不规则排布，标记出墨西哥城的西环高速路：一座没有题词的纪念碑，一个纯粹的视觉符号。每座塔的平面图均为三角形，如此一来便可呈现移步易景的视觉效果。

20世纪60年代到80年代间的其他建筑流派

　　1960—1980 年，除了几位大师级建筑师，建筑界还出现了其他一些重要人物、学派或语言，他们各自独立而为，使建筑风貌更为完整。

　　路易·康、汉斯·夏隆和詹姆斯·斯特林分别代表了 3 种不同的建筑思考形式：接受古典教育的康，其设计的几何形建筑在形而上式的抽象作品中得以升华。而夏隆则是德国表现主义中最后的代表人物，其建筑结构错综复杂。斯特林设计的建筑类型不一而足，尤其擅长高科技类型，以及通往高技派建筑之路的玻璃钢构造楼体。除了一支严谨的提契诺派（瑞士的提契诺州），瑞士一派以创新的形式再现了勒·柯布西耶的建筑乐章。

　　粗野主义是一场建筑选材的横向运动，尤其是对粗面混凝土的应用，为众多建筑师所采纳。这是一个运用传统材料和技术表达的建筑语言。

　　20 世纪 60 年代初，经历了时间紧迫的重建大潮之后，迎来了经济的繁荣时期，城市化进程势不可当，人们对工程技术的信心与日俱增，各地都有意筹建大型建筑，或打造未来城市。日本的新陈代谢派和英国的阿基格拉姆学派（Archigram，亦译作"建筑电讯团"）是其中的代表流派，在他们不同凡响的乌托邦式的设计中呈现出一系列全新的建筑形态、形象和类型，远比今天我们所知的更多。即便这些设计并未成为现实，但一场建筑革命已由此开启。

89页图
路易·康，国民议会大厦，1983年，达卡，印度

路易·康

　　爱沙尼亚裔美国人路易·康有着超然于当下而植根于历史的艺术视野，在当代建筑中自成一格。其作品对后现代运动以及极简主义的发展至关重要。在 20 世纪 20 年代成长起来的他，始终远离国际主义风格。

　　20 世纪 50 年代，在积累了丰富的乌托邦式城市规划和建筑设计项目合作经验后，路易·康找到了自己的建筑语言。在他的工作室里，可以看到与埃及、希腊、古罗马建筑相关的书籍，在当地旅行时，这些建筑在他的脑海中留下了深深的烙印。万神殿、剧院、圆顶、拱券，还有偌大的（教堂）半圆后殿，是最能与他的艺术情感产生共鸣的建筑元素，也是他灵感的源泉。

　　路易·康从不模仿古建筑的形状，但他们共享同样的空间矩阵：建筑外部坚实，内部组合形式丰富，更不乏仅在某些大殿中方可一见的高超的结构技术水平。

　　当建筑潮流趋向轻盈与通透时，他却利用大体量的基本几何语言建造出具有厚重感的大楼，以其独创的方式构建起的中心对称平面建筑上，或有斜

下图
路易·康，艺术博物馆，1972 年，沃斯堡，得克萨斯州，美国
　　建筑师最经典的设计之一：由重复的圆形拱顶模块组合而成，对细节部分的处理仿佛重现古罗马建筑。建筑形式的抽象化在禅式花园的映衬下更为突出。

切线，或有圆形、三角形窗。建筑内、外的过渡并非来自空间的相通，而是借助光的渗透。这些建筑依附于大地，亦取材于大地——水泥和砖。

对形状的直觉是设计的开始，因地制宜的造型让建筑的宏伟大气臻于自然抽象，形状成为一种符号，因而能够同时在平面与立体空间中呈现。如果建筑是一个复合体，康会用相同的模块来搭建，以此彰显轴向重复带来的力量感。

费城大学理查兹医学研究大楼（1965年）中有多座砖结构无窗高层建筑有序间隔其中；位于拉霍亚市的索克大学研究院（1965年）由模块化的建筑群与柏拉图式的面海广场组成；罗彻斯特基督教唯一神派第一教堂有一面三维造型的无窗砖墙，其左右两边平行延伸出对称的双重墙；艾哈迈达巴德的印度管理学院（1974年）与孟加拉国达卡国民议会厅（建筑师逝世后建成，1983年）气势恢宏如高塔城堡。

在唯一神派第一教堂、韦恩堡的剧院（1973年）、达卡的国民议会厅，处处流露建筑师的艺术才华与结构创造能力。对质朴的绝对几何形状孜孜不倦的钻研，成就了建筑师这一系列具有高度延续性与强烈形象艺术张力的作品。

左上图
路易·康，理查兹医学研究大楼，费城，宾夕法尼亚州，美国

一件能够代表路易·康"建筑诗哲"的作品，无窗的砖结构高层建筑有序间隔于办公楼与实验室之间——设计灵感显然来自意大利山城圣吉米尼亚诺的建筑群——具有强烈的视觉冲击力。

右上图
路易·康，索克大学研究院中庭，1965年，拉霍亚市，加利福尼亚州，美国

一座座造型相同的大楼如舞台侧幕一般斜向排列，中间围出一个形而上式的广场，向大海延伸，并凿出一道细的水流贯穿整个广场：造就了一个现代建筑中最富喻义的空间。

汉斯·夏隆

汉斯·夏隆是极少数在战争期间仍留在柏林的犹太人之一，在那里过着地下生活。有6年时间他被迫放弃工作，于是便创造了上百幅设计图和建筑幻想水彩作品（另一位犹太建筑师在第一次世界大战期间亦是如此，那就是孟德尔松）。他战后的作品体现出有机主义与表现主义相结合的特征，这与他青年时期的经历不无相关，在当时的背景下是绝无仅有的存在。夏隆的设计原则是将建筑拆解为最小的构成单位（将学校分解为一个个教室，将住宅分解到一个个房间），让每一个组成部分都拥有独特的形态。这里不会出现欧几里得的几何图形（正方形、矩形），而是根据功能设计的其他形状，或有特定用途，或只是出于对造型的喜好。他偏爱混合线形，如五边形或六边形的房间；还有斜线形，因此不时出现倾斜的外立面和令人惊喜的效果。未建成的建筑——位于达姆施塔特的学校（1951年）、吕嫩的高中（1962年）以及马尔的小学（1971年），其建筑呈纵向形式发展，各个教室通过长走廊的连接再度合为一体，不同的功能区分，加之建筑机体的完整性，让每一栋楼都好像一座小村落。斯特塔图的罗密欧与朱丽叶公寓（1959年）由两栋建筑组成：其中的朱丽叶公寓由五边形平面的房间相连而成，向外凸出的尖角实为三角形阳台，建筑整体因此呈现为锯齿形的圆环。尽管夏隆不懈地研究建筑新形状，评论界并不总是欣赏他的作品，但他有一件作品却是无可争辩的杰作，那便是柏林爱乐乐厅（1963年）。在不规则的六边形建筑平面上，乐队席位于中央，观众席分为多个层次环绕于四周，好似身陷一片凹地。在这里，建筑的拆解与有机重组被用于室内设计部分。数年后，夏隆带来了为室内音乐设计的小爱乐厅，以及拉长的五边形建筑——柏林国家图书馆（1978年），这座闭合式的建筑体绵延200多米，柏林文化广场项目自此完美收官。

93页上图和93页下图
汉斯·夏隆，爱乐乐厅内部与外部，1963年，柏林，德国

爱乐乐厅是对音乐厅类型的创新，他将乐队席置于中央，而不是与观众席相对，台阶状座位环绕四周：一座多层大厅位于偌大的阶梯座席前，楼梯和楼厅穿插其间。建筑外部形态坚实，楼顶由两个曲面构成，曲面的造型好似一顶帐篷，上面覆盖着金色的铝片。

下图
汉斯·夏隆，沃尔夫斯堡大剧院，1973年，沃尔夫斯堡，德国

夏隆的竞赛获奖作品（1973年），仍是拉长形的建筑体。依斜坡而上的建筑，设计十分考究。从入口处到台阶有一段长长的走道，沿途分布着衣帽间和小餐室，排布形式好似朝向不同的舞台侧幕，一直通向整个建筑群中唯一的高楼五角大厅。

詹姆斯·斯特林

詹姆斯·斯特林的形象十分丰富，他的创作浩瀚广博、博古通今，他总在不知疲倦地钻研，且善于把控不同的形状。他的建筑脱离了现代主义运动，一方面有着基于英式传统的稳固和坚实感，另一方面他也留心英国的高技派（见第114～115页）。尤其值得一提的是他对建筑内含空间的关注，在他的设计作品中可见曲形的正立面，面向一座花园或是一个广场，而背立面向外凸起。位于英国朗科恩的住宅（1967年）和圣安德鲁大学宿舍楼（1964年）是他粗野主义作品中的代表。他还为德比市政中心（1970年）、圣安德鲁大学艺术中心（1971年）和拜耳实验室（1978年）设计大型拱式建筑、玻璃幕墙屋顶和宏伟的半圆形广场。

斯特林是高技派建筑的先驱：将机械建筑构想为科技与精美设计的复合体，裸露的结构和设备就像一件被突然掀开的机械装置内部，展现出充满时代性的迷人形象。佛罗伦萨的大区中心（1976年）、好利获得公司位于米尔顿凯恩斯的办公楼（1971年）、西门子公司在慕尼黑的办公楼（1969年）以及多尔曼公司在米德尔斯堡的办公楼，皆为高技派的基础工程案例。

他最重要的作品是为三座大学所设计的建筑——牛津大学弗洛里大楼（1971年）、列斯特大学工程系馆（1959年）以及剑桥大学历史系图书馆（1964年）。这些严谨的几何学设计建筑呈现出不同形式的曲面，部分墙体采用砖或缸砖结构，大面积铺装小型模块组合的玻璃幕墙，阶梯状的部分脱离出建筑主干，形似高塔。20世纪70年代末，斯特林找回他的历史文化，开始倾向后现代语汇的应用，故其后的作品又再度回归这一潮流。

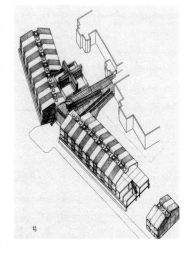

上图

詹姆斯·斯特林，好利获得公司培训学校设计图，1969年，黑斯尔米尔，英国

此系好利获得公司位于黑斯尔米尔的培训学校扩建项目。两翼的教学楼楼顶以双色塑料预制件元素铺就。

左图

詹姆斯·斯特林，图书馆外景，1964年，剑桥，英国

这是斯特林最重要的一件作品，建筑造型独具一格："L"形曲面的高楼容纳了半座金字塔结构，立面上可见（英国传统的）红砖色与小型模块组成的玻璃幕墙交替出现。集创造力与功能性于一体。

下图
詹姆斯·斯特林，图书馆内部，1964年，剑桥，英国

中空的部分作为室内广场和阅览室，楼上办公室的弓形窗也都朝向此处。书架呈放射状分布在低处的两层，不影响向外的视线。这是当代建筑中最美的室内空间之一，图书馆的静谧更让它充满魅力。

粗野主义

粗野主义是一种呈现材料"原始面貌"与营造结构的建筑语言。这一术语的起源无从考证，抑或有多种答案。20世纪50年代，艾利森与彼得·史密斯兄弟在英国提出"新粗野主义"，也许是要与"新经验主义"相对立，把它作为先于美学的建筑师职业准则，倡导建筑的质朴和社会责任感，受到许多年轻建筑师的推崇，创作了一批水平不一的作品。勒·柯布西耶设计的位于巴黎的热乌勒公寓（1955年）被认为是粗野主义风格的作品，裸露的砖墙，粗面混凝土的拱顶，让整个建筑重重地落在地上（因此，与建筑师的"新建筑五点"相距甚远）。此后不久，詹姆斯·斯特林和詹姆斯·高恩如法炮制。然而，是勒·柯布西耶将马赛公寓描述为粗糙混凝土建筑，把混凝土与清水混凝土的应用关联起来，成为最符合这场建筑选材运动的原则导向的材料，使这一术语广为传播。"粗野主义"因此逐渐失去了其他含义，最终成为粗面混凝土建筑的定义。勒·柯布西耶在世界上的影响力助推了粗野主义的扩散：从英国最具代表性的拉德森的作品，到日本的前川和丹下——

左图
保罗·鲁道夫，耶鲁大学建筑系大楼，1963年，纽黑文，康涅狄格州，美国

短短数年内，保罗·鲁道夫在纽黑文完成的所有作品无不是粗面混凝土建筑，从多处住宅到一座有薄壳结构护栏的多层车库，再到这座空间复杂、体量均衡的大楼，他已然成为美国粗野主义的代言人。所有实心墙体均采用带沟槽的水泥面，以凸显材质的粗糙感。

他们的混凝土造型语言居于法国建筑大师与本国历史原型之间，再到意大利的弗甘诺和佛罗伦萨学派（萨维奥利、里奇、米凯卢奇）、巴西的尼迈耶，以及美国的鲁道夫和宏伟的波士顿市政厅（卡尔曼·米基奈和诺尔斯设计，1972年）。丰富多样的作品以不同的方式发挥混凝土的可塑性及建造能力，从鲁道夫的高楼、佛罗伦萨派的表现主义作品，到尼迈耶和坎德拉的自由造型，及至安藤忠雄以质朴的清水混凝土为材料，打造他的极简主义作品。

上图

丹尼斯·拉斯顿，国家剧院，1973年，伦敦，英国

在泰晤士河南岸，他设计了一座有宽阔露台平行相叠的建筑。在中心处矗立起一座无窗的景观塔楼，形成对比关系。这座清水混凝土作品可以说是最彻底的粗野主义建筑，它诞生于英国，也在此地获得最充分的发展。

美国的摩天楼

1950—1980 年，在美国活跃着一群个性鲜明的独立建筑师，如赖特、康、来自德国的建筑大师，以及分属不同流派（粗野主义、后现代派等）的建筑师。

摩天楼是美国独特的建筑。数以百计的城市在规划中把建设总部中心作为最重要的主题，云集的摩天大楼、集中入驻的企业和员工构成了最具代表性的画面，彼时宽松的建筑管理条例让这样的高密度空间得以实现。在短短的几十年里，百余座摩天楼拔地而起，密斯给出了最出色的比例模型，最优的模块组件选择和角度处理方案。然而，现实中的摩天楼仍是玻璃钢建造的盒子，单一的立面模块被机械地复制，装饰元素的变化常常沦为粗劣或可笑之物。哈里逊和阿伯拉莫维茨刻意选用小型模块并将其发挥到极致，设计了位于匹兹堡的美国铝业公司大厦（1951 年），建筑师利用菱形铝板组成外立面，在上面镂刻出正方形的小窗。纽约联合国总部大楼（1951 年）的深化设计也是他们的作品，建筑的概念设计应归于勒·柯布西耶，然后被一个包括尼迈耶在内的国际建筑师委员会批准通过。SOM 事务所是摩天楼设计领域最知名的建筑事务所，他们在多个城市设有分部，每个项目都会安排不同的负责人：

左下图

哈里逊与阿伯拉莫维茨建筑事务所，美国铝业公司大厦，1951 年，匹兹堡，宾夕法尼亚州，美国

两位设计师的构想是利用小块模块处理摩天楼的外立面，创造出一个更为坚实的表面效果，建筑体量也因此更加清晰。

右下图

SOM 建筑事务所，利华大厦，1951—1952 年，纽约，美国

SOM 建筑事务所在纽约的第一件重要作品，由戈登·邦夏担纲，他设置了一座低层建筑作为大厦的基座，并在此基础上架起一座 18 层高的立方体建筑，两者的比例关系堪称典范。大厦外墙采用传统玻璃钢幕墙技术。

面对密斯的西格拉姆大厦，戈登·邦夏设计了纽约最优雅的建筑之一（仅 18 层）——利华大厦（1951—1952 年）。后者在平面形式上并无新意，但这里引入了自由平面的概念。事务所的规模让建筑师们有条件去研究和试验，因此能够产生新的结构类型，芝加哥约翰·汉考克大厦（1969 年）外立面上的菱形桁架便是典型的一例。凯文·洛奇与约翰·丁克卢设计的纽约福特基金大楼（1968 年）类型独特，一座双侧为"L"形结构正方形的大楼，仅用两面玻璃幕墙构建起一座广场式暖房，既能起到温度调节的作用，又具有象征意义：在钢筋水泥的城市里，让人们能在办公空间中看到一座花园。"L"形的结构还出现在印第安纳波利斯的三座高层建筑（1973 年）中，无窗的外墙上倚靠着两块玻璃斜面，形成一个半金字塔结构。20 世纪 80 年代后，摩天楼的外形才开始多样化，不再是一个个平行六面体的盒子。

上图

SOM建筑事务所，约翰·汉考克大厦，1969年，芝加哥，伊利诺伊州，美国

SOM 是世界上最重要的建筑事务所之一，除了作品数量上的优势，更有鉴于他们在结构研究上的成就。这是第一个在外墙上使用对角线元素的建筑结构，用于抵抗风力的影响。

乌托邦与巨构建筑

20 世纪 50 年代末，部分国家的战后重建、城市扩张、无法遏制的人口城市化，伴随新技术的出现以及人们对未来的信心，齐力催生出革新式的巨型结构建筑项目，或将城市设计为一个庞大的独立建筑系统，意即"立体城市规划"。大型建筑结构承托着拔地而起的大厦，试图创造出一种在形状、类型、技术和规模上不同于传统城市或城市扩张的方案，无论是在市郊街区，还是在新城。乌托邦式的先锋设计往往无法成为现实，其感染力主要源于理论与作品方案中图像符号的魅力，以及由创造力带来的惊喜感。或取代或重叠于城市之上的建筑群成为都市的符号和地标，展现出现代城市，或许是未来城市的面貌。

从 50 年前未来主义建筑师安东尼奥·桑代利亚和马里奥·吉亚托尼的作品中隐约可知的遥远的艺术源泉，我们也能在最近的勒·柯布西耶的"居住单位"中找到，他革新了住宅类型，构想出如村镇一般可容纳 1600 人生活的公寓楼，架空于地面的建筑内还配备了各项公共服务设施，但规模上已具备可实现性。移居美国的德国人康拉德·瓦赫斯曼和美国人理查德·巴克敏斯特·富勒的作品是由预制元素构成的网状金属结构，可以搭建出大型平顶或张力杆件穹隆，就如富勒设计的直径达 3.5 千米的圆形穹顶，旨在将曼哈顿变成一座远离污染、气候适宜的理想城。

下图和101页上图
弗莱·奥托，慕尼黑奥林匹克体育场全景图与细部，1972年

建筑师研究张力结构，利用立柱和钢索支起的帐篷，成片地覆盖城市各处。他的一些局部设计也堪称经典，比如著名的奥林匹克体育场穹顶，已经成为诸多建筑，包括小型建筑的设计范本。

101页下图
理查德·巴克敏斯特·富勒，蒙特利尔世博会美国馆，1967年

建筑师利用金属空间网状结构设计出一个半球体的穹顶。这一建筑原型在不同规模的项目中都可以被复制，且用途多样，拆卸后还能在别处重新组装，集技术性、实用性和灵活性于一体。

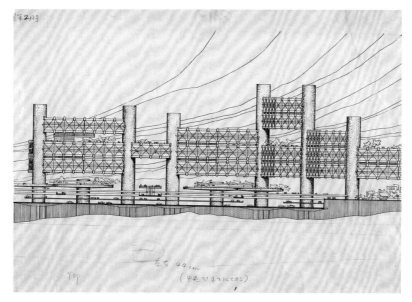

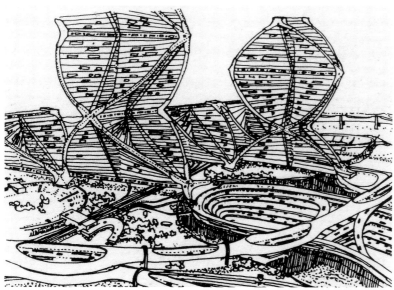

左上图

矶崎新，桥式建筑城市设计，1960年

这是巨型结构，但非乌托邦式的设计——以巨大圆柱支撑的桥式建筑。设计者创造了一种新的建筑式样，让房屋架于大地和原有城市之上。设计图中的柱子形状纯粹单一，而桥式结构的框架清晰可见。此类型的建筑可以无限复制。

左下图

黑川纪章，螺旋城市设计，1961年

建筑师是"新陈代谢"运动的成员之一，该团体于1960年在东京成立，他们将新的、乌托邦式的结构作为先锋建筑的构造，而不是把它们放到一个城市的整体设计中，正如我们从这些螺旋结构摩天楼和预制件结构住宿单元中所看到的那样。

匈牙利裔建筑师尤纳·弗莱德曼设计过一座立于架空柱上的水平城市，在地面上则保留历史古城。法国人保罗梅蒙特曾在日本实习（1959年），他构想的抛物面式的圆形漂浮岛（就像一座宝塔）足以容纳数千居民。德国人弗莱·奥托创造了张力结构，用相互关联的杆件和钢索支撑起的巨型帐篷可以覆盖大片土地，侧看仿佛绵延的山丘。最后能走出图纸的（少数）自然是规模较小的建筑：比如富勒建造的多个运动场馆和展览馆大穹隆，以及弗莱的慕尼黑奥林匹克体育场顶棚（1972年）。在美国，意大利裔美国人保罗·索莱里提出，以美国最早的土著居民所在城市梅萨城为名，建设一座由倒锥形有机表现主义形式建筑组成的乌托邦城市（1960年），后于1970年建成。

还有亚利桑那沙漠中的生态城市、亚高山地以及波兰人让·卢比克兹·尼克兹为旧金山设计的极富喻义的半抛物面超高层建筑（1961—1962年）、为特拉维夫大规划城市扩建（1963年），以及其他上凸形拱式建筑。1960年，由五位青年建筑师组成的团体；其中包括槙文彦、菊竹清训和黑川纪章，在东京倡导"新陈代谢"运动（出自希腊语的"蜕变"），提出箱体式建筑设计，多个盒状的居住单元以基本结构形式相互连接，或呈圆筒形，或螺旋形，或桥梁式；也有像漂浮岛这样的概念设计。他们希望呈现一种先锋设计，同时在一个信奉神道传统的环境下，将本土历史与乌托邦集于一体。所有这些设计，包括盒子公寓，迅速改变了住宅的类型，但他们坚信传统文化在日常生活中的传承，在作品中也充分体现了这一理念。"新陈代谢"派的建筑师们很快进入职业实践，脱离了年轻时的乌托邦思想，但仍保留了其中的某些重要元素。比如黑川用预制结构居住盒子组合建起的中银舱体大楼（1972年），菊竹清训拼叠梯形模块组成的索菲特酒店（1994年）摩天楼，建筑语汇多样的黑川纪章设计的华歌尔麴町大厦（1984年），上述三座建筑皆地处东京。菊竹清训设计的江户东京博物馆（1993年）外形酷似日本漫画中的怪兽。

下图
莫什·萨夫迪，居住单元，1967年，蒙特利尔，加拿大

建筑师为世博会设计的住宅建筑群，集合了超过300个居住单元，每个单元都各不相同，且具有独立功能。在这样一个巨型结构里，建筑师按照类金字塔的形态构造，巧妙地把这些单元组合起来，通过各层的走廊、道路和桥梁一一连接。无论是以大型居住机器为理念设计的内部人行道，还是粗面混凝土的应用，勒·柯布西耶的基质在此显露无遗。已建成的部分仅占整个设计的十分之一。

EACH WALKING UNIT HOUSES NOT ONLY A KEY
ELEMENT OF THE CAPITAL , BUT ALSO A LARGE
POPULATION OF WORLD TRAVELLER-WORKERS.

A WALKING CITY

其他建筑的形体更为碎片化，比如原广司设计的仙台多功能建筑群，以及良治铃木的东京麻布仓库（1997年）。竹山实的东京赤坂宫大楼（1970年），构图设计上参考了抽象派的绘画。在形象艺术的研究过程中，有不少机械建筑登上舞台，就像大阪的皇家酒店（1965年），这件由多位设计者共同完成的作品已经成为这座城市的象征标志之一。面对纷繁的建筑流派，一支杰出的极简主义学派脱颖而出，成为当代建筑运动中最具诗意的一员。

巨构建筑设计有一些重要作品成为现实。首先是以色列人莫什·萨夫迪为蒙特利尔世博会设计的住宅区（1967年）。"居住单元"式的建筑群中，每个公寓都有露台花园，连接排列成金字塔形，结构十分复杂，建筑师小心地把大量的单元组合起来，并以道路与走廊将其彼此关联，勒·柯布西耶的居住单元在这里被拆解了。建成的公寓共有300多套，但设计规模是其10倍之大。第二件作品是苏格兰的坎伯诺尔德新城市政中心，它颠覆了建筑包围广场的固有模式，将多项设施——幼儿园、图书馆、商店、公共职能部门等集中设在一个位于主干道和停车场上空的巨型结构内，建筑拥有大型台阶，且有步行道路贯穿大楼内外。

1964年，6位建筑师在伦敦组成一个名为"阿基格拉姆"（Archigram）

上图
建筑电讯派，"行走城市"设计图细部，1964年

一座用可移动部件构成的城市，它能在机器人的管理下变形，因此里面的居民也是游牧民族。图中绘制的是军事建筑、实验室机器和布鲁塞尔的欧洲原子能共同体。

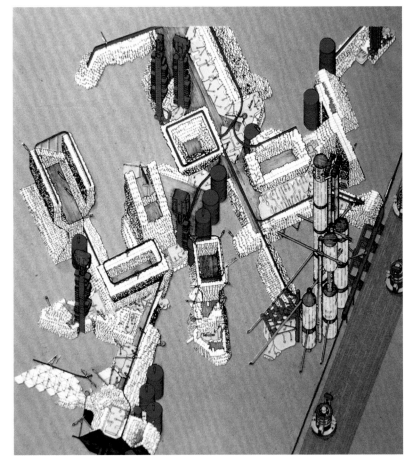

的团体——将"建筑"（Architecture）与"电讯"（telegram）合二为一，概括了建筑和（当时）最快的通信手段。短短数年里，该团体在多个城市里留下作品——当然是乌托邦式的，并用命名体现作品要领："插接城市"（Plug-in-City）中的住宅单元被嵌入结构框架，就像插在一个电插座（plug）上；"行走城市"（Walking-City）中的居民可以是行进中的游牧民族；生活荚（Living-Pod）是用预制结构居住荚壳（pod）组成的城市；"即时城市"（Instant-City）里的公共空间能够即刻（instant）配备供戏剧、动画和电影用的移动车厢。

建筑电讯派不是建造建筑，而是宣扬一种哲学，他们留下了大量被定义为"唤醒"式而非"描述"式的设计稿，尽管图中的细节描绘已是淋漓尽致。

从根本上看，他们参考了机械设计的式样，比如导弹和空间工程中的物件，更受到先锋派绘画，尤其是波普艺术的影响。他们无比相信科技的进步和能源的取之不竭。

10年后，建筑电讯派解散了，但他们对高技派建筑的理论和形式的建立起到了关键作用，后者是当代建筑中最重要的流派之———罗杰斯与皮亚诺以之为灵感设计的蓬皮杜中心便是最好的印证。

约恩·乌松

　　位于澳大利亚的悉尼歌剧院是 20 世纪最具标志性的建筑之一。1957 年，一位籍籍无名，只设计过几个别墅的丹麦建筑师约恩·乌松，击败 300 多名竞争对手，一举夺标。随后的 10 年中，他继续跟进项目建设，直至与公共建设部在成本增加问题上产生分歧，不再参与其中，他再也没有回来看过它。这座有着传统的内部设计的剧院，被一系列庞大的贝状外壳层层覆盖，混凝土与石料制成的船帆在风中扬起，迎向海湾的一处岬角，造就了它独一无二、举世闻名的形象。乌松后来的作品为数不多，水平也无法与之比拟，如位于哥本哈根的巴格斯瓦德教堂和科威特议会大厦。比较有意思的是他建造的位于马略卡岛的"康丽思"（Can Lis，丽思是他太太的名字，意即"丽思住宅"），在这座用本地石材建起的住宅中，可尽享无敌海景，建筑师曾经每年都要在那里生活数月，直到后来迁至一座隐于山丘之间的别墅——康费利斯住宅。

下图
约恩·乌松，康丽思，
1972年，马略卡岛，西班牙

**约恩·乌松,悉尼歌剧院风帆外壳细部,1957
年,悉尼,澳大利亚**

　　一位丹麦建筑师,仅凭借这一件作品便留名青史,
引领所有人进入一个幻想的世界:巨构建筑纯然融于
自然景观,俨然超越了任何一种固有的当代建筑语言。

1980年后：国际化

    20 世纪 80 年代后，通信与交流似乎再不受时间或空间的限制。地方主义与传统文化似乎在结构上成为了历史的一部分，而非属于当代。追随乌松的悉尼歌剧院和山崎实的纽约双子塔的足迹，城市或市场正用一种相同的方式亮相世界，在标志性建筑的形象品质上争奇斗艳。

    一些拥有鲜明个人语言的建筑师受到世界各地的追捧，导致极端化、高辨识度和个性化趋势下的设计需求与日俱增。新的建筑技术和新材料出现，加之电脑设计和计算带来的有利因素，让创新建筑的营造从方方面面成为可能。作品只取决于建筑师的语汇，再无须顾虑地点、功能或类型。具有代表性的建筑，如博物馆、市政厅、音乐厅、办公楼、教堂和桥梁，其功能性和经济指标可置于建筑形态之后考虑，但住宅不同，设计、功能和预算等的限制皆不可忽视。建筑由不同的学派共同成就，高技派、后现代、古典主义、新理性主义、极简主义或享乐主义仅仅是基于某些参考原则做出的指导性分类，但每位建筑师都值得分别研究，也因为他们中有些人曾在不同职业生涯阶段出现过摇摆或转变。而建筑师评级系统在全世界范围内取得的成功，则是让新人的崭露头角变得困难重重。

109页图
伯纳德·屈米，拉·维莱特公园，
1982年，巴黎，法国

后现代

20 世纪 60 年代，现代主义运动下的建筑设计与城市规划在美国陷入危机，罗伯特·文图里在《向拉斯维加斯学习》一文中写道，他"学习"那座美国城市里昙花一现、浮夸造作的建筑，以期超越冰冷的功用主义。紧接着，查尔斯·詹克斯发表了《后现代建筑语言》（1977 年），1972 年 7 月 15 日，按照现代建筑国际代表大会（CIAM）设计原则建造的圣路易斯普鲁特 - 艾格街区因不再适于居住而遭拆除（共计 33 座 11 层高的大楼），他象征性地把这一天定为现代主义运动的截止之日。

从建筑语言的表述方式上看，理性主义模式和与之相应的城市系统被认为就此终结，取而代之的是更多样化、更轻松愉悦、更色彩斑斓的建筑；是一场与波普艺术密切相关，且符合广告界与消费主义趋势的运动；是一场建筑界的自我陶醉，希冀重归历史大潮。实际上，是美国人最先提出这样的诉求（历史已多次重演）——为确立业界地位，他们把古建原型再度搬上舞台：圆柱、柱顶、三角楣饰、上楣，不一而足。经几何格式化的建筑元素以多种方式，或反传统式地，或重复性地，或超比例地重新排列组合。文图里在奥柏林的艾伦纪念艺术博物馆中置入的爱奥尼亚式巨柱便是一例。对宏观经济的分析让"后现代"一词有所改变，被定义为服务提供取代产品生产的时期。

1979 年，查尔斯·莫尔在新奥尔良建造了闻名遐迩的意大利广场，在圆形喷泉周围可见由各历史时期不同风格的圆柱、拱门、山形墙和浅浮雕交叠而成的色彩纷呈的舞台效果背景：这件作品不仅被认为是后现代主义的宣言，甚至是借助夸张的建筑要素的胡乱堆砌有意为之的嘲弄。

1980 年，在以"过去的呈现"为主题的威尼斯双年展上，后现代主义进入公众视野，一支由知名建筑师与青年建筑师组成的设计团队受邀设计了一个

左下图
查尔斯·莫尔，意大利广场，1979 年，新奥尔良，路易斯安那州，美国

建筑师在一个圆形喷泉周围恣意堆砌起建筑史中不同时代的建筑要素：有古希腊、古罗马，还有文艺复兴时期，以此作为后现代主义的宣言，也体现设计者的讽刺之意。

右下图
罗伯特·文图里，艾伦纪念艺术博物馆中的柱顶，1976 年，奥柏林，俄亥俄州，美国

文图里用自己的文字打破了现代主义运动传统，引入后现代语言，他在博物馆入口处放置了这根超规格的爱奥尼亚式圆柱，作为历史与当代作品的接合要素。

111 页图
萨尔巷风景，1980—1990 年，法兰克福，德国

这是第一个（也是最重要的）后现代建筑在城市中的应用案例，参考德国北部汉萨各城中的传统做法，两座相邻建筑之间有一道窄窄的竖线作为分隔。每栋楼都被交由一位建筑师负责，他们个性化地展示出对经典元素的重新组合。

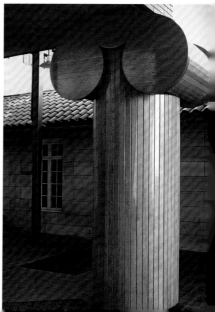

左图

**菲利普·约翰逊，电话与电报公司
大厦，1984年，纽约，美国**

    菲利普·约翰逊在他漫长的职业生涯
中发现了"现代风格"（1932年）与解构
主义（1988年）。从业之初，他曾是密斯
式建筑的追随者，1980年后，他成为一名
后现代创意建筑师，常常从历史建筑中汲
取灵感，寻求与自身艺术敏感性相近的丰
富的装饰素材。大厦的三角楣是一个超大
规模的复刻品，源自莱昂·巴蒂斯塔·阿
尔伯蒂的建筑元素。

建筑立面布景。所有的作品规格都要求统一，且全部位于同一条街上（在军
械库内）：主街，道路名称亦有历史渊源，与热那亚的"新街"（16世纪）遥
相呼应。一切皆为体现建筑在城市中的延续（而不是孤立的楼宇），设计语言
回归古建原型的态势在世界范围内蔓延。参与设计的有矶崎新、弗兰克·盖
里、迈克尔·格雷夫斯、查尔斯·莫尔、里卡多·波菲尔、奥斯瓦尔德·马蒂
亚斯·翁格尔斯、罗伯特·文图里和汉斯·霍莱因。霍莱因是该主题的最佳诠
释者，他呈现了一个由四根圆柱组成的建筑立面：其中有两根为古典柱式，另
一根参考了路斯设计的芝加哥论坛报大厦（1922年）模型，最后一根则被一
切为二，且下半截缺失。除了建筑师的展位，每个立面的后面都空无一物。这
件作品获得了巨大的成功。后现代主义就此成为建筑外立面的语言，不再顾及
布局、技术或体量，也无须考虑功能性，他们依循古典学派的原则：左右对
称、轴对称以及元素的重复。很快，后现代主义在法兰克福的萨尔巷（1980—
1990年）获得实践，在那里，同样是由20名左右的建筑师分别设计一幢四层
楼高房屋，毗连的建筑正立面垂直而窄长，就像被划割成小块土地的汉萨诸城。

里卡多·波菲尔（1939 年）与他的建筑事务所（RBTA）在法国塞尔吉–蓬图瓦兹（1985 年）和马恩拉瓦莱（1983 年）的住宅楼设计中，采用古典城市规划的形式，将建筑围绕一个矩形或圆形的广场排布，并用圆柱、檐口及悬挑饰组成建筑立面，刻意营造碎片感，以夸张的比例和数量凸显建筑的舞台效果，尽显后现代主义的极度变形。而盖里和文图里等一些建筑师则在个性化的道路上渐行渐远，流行于美国的新装饰风格在一定程度上重拾了广为传播的装饰派艺术的传统。菲利普·约翰逊在他漫长的职业生涯中尝试过多种语言，他设计的纽约电话与电报公司大厦（1984 年）头顶一个阿尔伯蒂式的三角楣，且在中心位置开有圆孔（该设计之后被多次模仿）。休斯敦共和银行（1984 年）的新哥特风格源于哥本哈根的管风琴教堂，从它的柱廊和雕像中还可以看到新古典主义和巴洛克的元素。

迈克尔·格雷夫斯（1934 年）的作品形态坚实，大面积地运用古典主义和装饰派艺术等多种元素，比如他设计的位于美国波特兰市的波特兰酒店和路易斯维尔的人文大楼（1985 年）。在欧洲，从高技派建筑先驱者詹姆斯·斯特林的一些未能实现的大作中可以看到新的建筑潮流，如德比市中心广场，及至后来的斯图加特国立美术馆（1984 年），他的设计引经据典，各式各样的柱顶纷纷回归到建筑中来。在后现代主义流行和传播的年代，阿尔多·罗西和奥斯瓦尔德·马蒂亚斯·翁格尔等其他一些建筑师也同样受到影响，他们从中汲取精华，然后通过新理性主义的语言进行表达。后现代主义的局限性在于它易于复制，是故逐渐成为一种广为流传的，往往也是低端的消费主义语言。

下图
詹姆斯·斯特林，国立美术馆庭院，1984 年，斯图加特，德国

斯特林在他最后几件作品中用规划城市的方法来设计建筑，就如在本作品中，他混合不同的立面，设计出一座加高的中庭广场。他的建筑语言兼容并蓄、旁征博引，从金属部分的高科技元素，到双色组合和后现代元素的应用，不一而足。

高技派

在英国建筑电讯派与日本新陈代谢派的科技乌托邦中，城市被想象成框架、桥梁、道路网络、飞盘和其他任何技术可及之物的结合体。一些英国建筑师受其影响，诠释出新的设计准则，旨在凸显一座建筑中技术及机械部分，也就是结构、设备和垂直连接件部位。为了避免平庸，这些部分的设计被赋予丰富的想象力，运用夸张的结构、明艳的色彩，并使用钢板、塑料和玻璃等非常规材料。1968 年或许是建筑史上的变革之年。斯特林的作品、机械工程师的建筑和传统温室的引用也许是其中的先驱，但罗杰斯、福斯特、皮亚诺等新晋主角更是彻底的革新者。对结构的创造自然而然地向着其他方向发展：就像努维尔的大胆创新和卡拉特拉瓦无可比拟的超级结构。但上述几位主角也对此做出不同的回应，如罗杰斯的极简纯粹主义，以及福斯特和皮亚诺在创新形式中的技术应用。

115 页图

贝聿铭，中国银行，1990 年，香港，中国

这是一座极致优雅的摩天楼，就像一枚表面呈三角形和长菱形的艺术折纸，用白色勾勒出结构线条，单一的楼体被分解为三段高度不一的层次。它是这座城市天际线上当仁不让的主角。

左图

拉斐尔·维诺里，东京国际会议中心中庭，1996 年，东京，日本

这座大型建筑中设有音乐厅、剧场、办公室、展厅等空间，拥有一个偌大的室内中庭广场，位置略低于周边道路。在这个拉长、挑高的宽阔空间里，一座座廊桥串联起不同的功能区。以一根主梁和大量拱架构成的巨型钢结构支撑起的屋顶，形似一艘大船船体的水下部分。

左下图

福斯特建筑事务所，瑞士再保险大厦，2004年，伦敦，英国

瑞士再保险大厦是一栋高达200米的建筑：这座坚实稳固、旋转向上的创新形式建筑有着螺旋形的结构。

右下图

让·努维尔，阿格巴塔，2004年，巴塞罗那，西班牙

以传统结构建造的阿格巴塔采用双层立面处理，内层以彩色铝板和玻璃窗构成，外层则是木质薄板。

下图

圣地亚哥·卡拉特拉瓦，东方火车站，1998年，里斯本，葡萄牙

　　卡拉特拉瓦为1998年的世博会设计了这座换乘车站，它被设想为一座哥特式的多开间大教堂。

理查德·罗杰斯

理查德·罗杰斯在与伦佐·皮亚诺共同赢得巴黎蓬皮杜中心设计竞赛（1970 年）后几乎一夜成名。这是一部高技派建筑的宣言，以展览为目的营造的建筑已经脱离了传统建筑的范畴，它就像一座大型格构，一侧是通往各楼层的通道，相对的另一侧则是色彩绚烂的设备管道。建筑师先后在小型建筑、厂房和办公楼上尝试这种设计艺术，每一次都会创造出一种新的结构类型，无不雅致、考究，就如位于普林斯顿的 PA 技术中心（1982 年）、剑桥的 NAPP 实验室（1979 年），以及新港格温特郡的 INMOS 微处理器工厂（1982 年），在那里，他用或黄色或红色或蓝色的高大桁架结合索体，支撑起一根根桥梁般的屋顶梁。在伦敦市中心，他建起了劳埃德大楼（1986 年），钢铁结构的楼体仿佛是用机器中一个个机械部件加工而成，大楼中心位置的屋顶设计酷似一座崭新的大型玻璃钢结构温室。罗杰斯其他的结构类型在多个机场的设计中得到优化，如马赛机场（1992 年）、马德里机场（2006 年）和伦敦希斯罗机场（2008 年），他在作品中引入曲形、拱形和多曲面造型，并将木材与金属结合使用。

在近期的伦敦办公楼项目设计中，他追求的是一种极致简约的优雅，那些单纯直角式的建筑，造型通透、结构严谨且用色精简。关于罗杰斯，我们还应该知道他的城市规划，尤其是他参与的英国多个城市和伦敦大部地区的重建项目，以及不得不提的"千年穹顶"项目（1999 年）。

下图
理查德·罗杰斯，竞技场模型，1995 年，埼玉县，日本

四根外倾的杆件配合纤细的索体，支撑起看台的顶棚。圆形薄壳结构的顶棚就盖在一个高科技的底座之上。这件作品似乎是将建筑电讯团的设计图纸化为了现实。

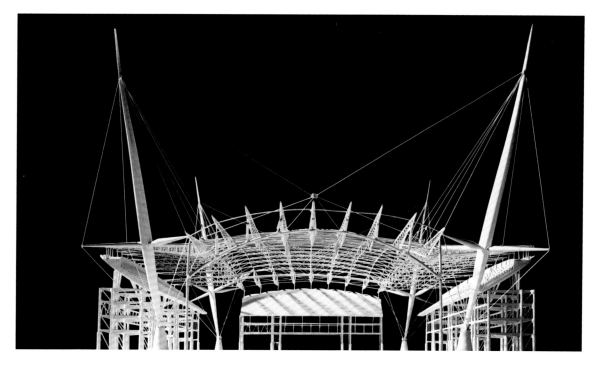

左图

理查德·罗杰斯，劳埃德大楼，1986年，伦敦，英国

罗杰斯将建筑结构分解，参考机器内部机械部件的形式处理外立面，各部件的比例被充分放大，通体闪耀着金属的光泽，无论在语言还是形式上这都是一种创新。建筑师在建筑中央嵌入一个偌大的玻璃钢结构筒形拱顶，好似英国传统的温室。

下图

理查德·罗杰斯，法院，1998年，波尔多，法国

这是罗杰斯对现代语言的尝试之一，新建筑采用轻巧的顶棚设计，覆盖七个大型圆锥体（每个圆锥体都是一座大厅），表层包裹木质材料。

巴黎蓬皮杜中心

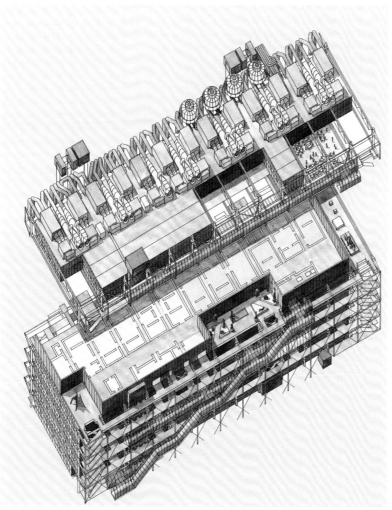

理查德·罗杰斯与伦佐·皮亚诺在1970年的乔治·蓬皮杜中心设计竞赛中获胜，该项目是巴黎中央地区城市改造计划的组成部分之一。高技派建筑的设计原则十分明显：一览无遗的金属结构凸显了建筑模块化，同时将外墙掩于其后；所有的技术设备被置于建筑外部，并用三原色加以强调，建筑机器的罩壳仿佛被打开了，露出内部的构造；通往各层的管道状楼体也被外悬于金属框架之上；整个大楼就像一个简单的盒子。这件作品是让当代建筑真正发生变革的高技派宣言。

技术元素和装置设备在庞大体量和鲜艳色彩的衬托下显得格外醒目，在这里，它们已经取代了传统建筑中所用的外墙，成为一种新的建筑语言。

120页图和下图
**理查德·罗杰斯与伦佐·皮亚诺,
乔治·蓬皮杜中心设计图与外景,
1978年,巴黎**

结构、设备、楼体和电梯,这些原本藏于建筑之内的部分被置于外部,取代了立面和砌面,将建筑表现为一台高科技机器。这些新语言的因素,在强烈的色彩和新型材料的衬托下愈加醒目。

诺曼·福斯特

在中国香港、东京和法兰克福的三座摩天楼设计中，福斯特对建筑的主体结构进行分解，利用外部电梯井为每栋楼创设了一种不同的外向型机器结构：他以当代的方式重新诠释了勒·柯布西耶的阿尔及尔计划（1938年）——福斯特是成功的。

他设计了英国多克福德航空博物馆（1997年）的半地下穹顶和位于米德尔顿的威尔士植物园温室（2000年）；他将斜向交织的细密金属网应用于佛罗伦萨高铁站（2002年）与伦敦大英博物馆的中庭顶棚（2000年），这座当代最特别的室内广场为博物馆注入了新的生命。同时，他也是柏林的德国国会大厦玻璃穹顶（1999年）的建筑师。在最后几件作品中，结构的形式创新开始走向新的尝试，他的语言又因此得到发展，不再凸显结构、设备或机械元素，而是将其完全融入臻于完美的形式之中。位于伦敦的金丝雀码头地铁站（1999年）、瑞士再保险大厦（2003年）和大伦敦市政府大楼（2002年）便是"新型"高技派的代表之作。2004年，位于法国塔恩河上一座巧夺天工的高速公路桥竣工，它全长2000米，高200多米，拉撑起斜索网的白色桥墩，集结构性与美观性于一体，一跃成为当地的标志性景观。建筑师在形式创新、技术革新与生产能力之间不懈探索，无怪乎，从纽约到新加坡到莫斯科，都有他即将登场的新作，亦有更多的惊喜值得期待。

123页上图
诺曼·福斯特，塔恩河上的桥，2004年，米洛，法国

这座以极为纤细的柱体支撑起的欧洲最高的高速公路桥结构十分复杂，每一根柱子通过一组悬索来支撑桥梁。通体的白色与轻盈的结构使它成为一个薄透的元素，宛若空间中的一抹刺绣。

123页下图
诺曼·福斯特，塞恩斯伯里视觉艺术中心，1978年，诺里奇，英国

诺曼·福斯特凭借诺里奇东英吉利大学的塞恩斯伯里视觉艺术中心（1978年）一举成名。绿色草坪上的这座独栋白色建筑看似一座工业厂房，但建筑两侧立体感的全玻璃幕墙及其精致的细节让建筑发生了神奇的变化。这件作品让世界看到了福斯特，他出人意料地打通建筑两侧短边的外墙，安上全玻璃幕墙，并用立体白色管道焊接成大门，在这里建筑师充分展现了他对结构的操控力和创造力。

左图
诺曼·福斯特，上海银行，1986年，香港，中国

这是一座被分解为多个层次的机器摩天楼，由两侧电梯井构成的一种新型结构体出现在外立面上，设备管井则被置于大楼顶端，其中包括一台能将阳光射入建筑内的复杂设备。

伦佐·皮亚诺

　　与罗杰斯共同赢得巴黎蓬皮杜中心的设计竞赛（1970 年）后，伦佐·皮亚诺的名字开始为人们所熟知。他早期的作品遵循同一种标准：以外露的结构体、设备装置和技术元素构成建筑的形象，包括外立面。之后，他对结构、材料、建筑类型及其形态开展了卓有成效的研究，可以说，皮亚诺是高技派思想最丰富、最多样化的诠释者，这些研究仅可构成他浩繁的专业活动的基础。他设计的鹿特丹 NEMO 科技馆（2000 年）形似一艘锌钛合金战舰；在 KPN 电信大厦（2000 年）中他用一根斜柱支撑起前倾的玻璃立面；在罗马的音乐公园（2002 年）里他采用了不同规格的铅制薄壳和木结构；他的东京爱马仕大楼（2000 年）有如一枚又窄又高的特质水泥玻璃盒；新喀里多尼亚的吉巴欧文化中心（1991 年）则有着木质的外壳。他会用玻璃钢结构的波浪形三连拱建造半地下式的伯尔尼保罗·克利中心（1993 年），也会以石拱构建圣乔瓦尼洛特多教堂（2004 年）。凡此种种，不胜枚举。即便是在里昂和米兰的办公楼，或都灵灵格托工厂改造，抑或是帕尔马的工厂改建音乐厅这些不是他主打的项目中，建筑师的原创精神和对技术的完美追求也一样无处不在。他还设计过身着白瓷薄片外衣的纽约时报总部摩天楼，以及一座高达 300 米的修长的金字塔——在建中的伦敦碎片大厦。在这些作品中，建筑的躯体似乎无限地向上延伸，宛若一缕逐渐消逝于天际的纤细纬纱。

左图
伦佐·皮亚诺，音乐公园，1994—2002年，罗马，意大利

　　三座面向圆形阶梯剧场式大广场的音乐厅组成了这座音乐公园。每座大厅均为钢木结构，配以铅制外罩。因其建筑形态，这里也被称为"三只甲虫"。

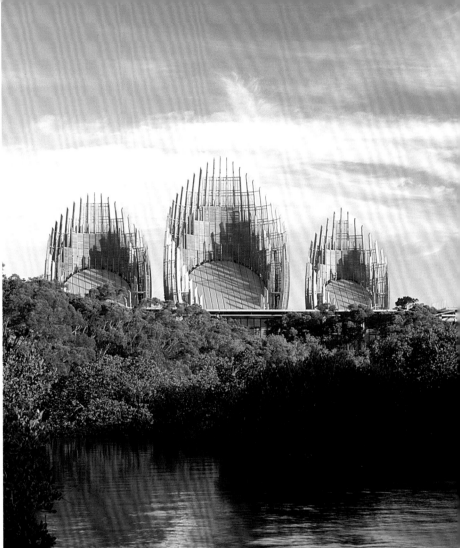

左上图
伦佐·皮亚诺，碎片大厦，伦敦，英国

这座在建中的高达300米的尖塔即将重新勾勒伦敦的天际线。从平面图上看，它是内接于一个正方形中的不规则多边形。几道切口为均匀纵伸的外立面平添了几分生气。

右上图
伦佐·皮亚诺，吉巴欧文化中心，1991年

在这件作品中，建筑师为倒置的木质薄壳覆上一圈直冲云霄的流苏镶边，用传统材料把造型上的创意表现为简洁的建筑形态，就像尚未编织完成的柳条筐。皮亚诺的建筑构成元素中充满原创的形态，对材料的探究，对周边环境的研究，建筑本身与天际相连，无限上升。

让·努维尔

努维尔的每一件作品都能体现他对地域和主题的个性化解读，他用丰富的想象力来创作，用大胆的技术手段让作品成为现实，每一次设计都是对不同建筑类型的挑战。在巴黎的阿拉伯世界研究中心（1987年建成）建筑设计竞赛中，他在一座曲面三角形平面建筑的外墙上饰以玻璃方格（类似伊斯兰建筑中的瓷砖），并嵌入能够根据阳光强度改变自身直径大小的感光圈（技术研究的成果），此次夺标正是努维尔声名鹊起的开始。1988年，他设计的一座高达数百米的变色圆柱体建筑，在法国国防部大楼的设计比赛中再度拔得头筹。此外，他还建造了卢塞恩文化艺术中心，这座饰有金属格栅的蓝色外墙建筑面朝湖畔，屋顶是座轻巧的天棚，与马德里的索菲亚王后艺术博物馆（2004年）类似，后者在规则的楼体上凸出一片醒目的红色天棚，形成一座半遮蔽的广场。再看巴黎的卡地亚基金（1995年）大楼，整齐的金属网格已不只覆盖住正立面，在楼前又设置了一面外观相似的玻璃幕墙，形成面朝大街的围栏。东京电通大厦（2002年）的平面好像一枚嵌在三角铁中的回旋镖，最先进的舒适性与能效应用技术研究都在这里得以实践。形似导弹的巴塞罗那阿格巴塔（2004年），每层窗户的布置上不拘一格，还有白色、红色、蓝色不同的颜色，外墙又被玻璃整体包裹。努维尔的最后一件作品，收藏民族文明的巴黎布朗利码头博物馆（2007年）引爆了一场设计界的革命。该建筑两侧的长立面完全不同，一面凸起着大小各异的彩色立方体，另一面则层层挂起大片的金属遮阳板，博物馆立于一片花园之中，沿街可见高高的玻璃围墙。

127页图

让·努维尔，布朗利码头博物馆朝向塞纳河的一面，2007年，巴黎，法国

努维尔创造出一座长条形的架空建筑，立面上凸起着一个个色彩迥异的立方体盒子，玻璃墙上则绘有一片森林。在楼内各展区之间设有一条皮革墙面的走道。

左图

让·努维尔，索菲亚王后艺术博物馆顶棚，2004年，马德里，西班牙

大片向外凸出的红色天棚改变了扩建后的老博物馆中规中矩的造型，檐口遮蔽下形成的广场，为这座建筑赋以城市的维度。

杰出作品
巴黎阿拉伯世界研究中心

这所在法国政府极力推动下成立的文化中心地处中心区域，由19个阿拉伯国家共同投资建造。让·努维尔在1981年的项目设计招标中脱颖而出。建筑分为两个部分，半月形的一边沿着塞纳河的河岸线弯曲，另一边则呈直线状，在中间围出一个庭院式广场。与建筑师该时期的创作风格相符，这里所有的外立面均采用玻璃幕墙。物理上的透明性也象征着文化活动的通透明晰，为全城开放。南侧立面的窗格面板绘制精细，上面开有直径大小不同的圆孔——足足240个正方形模块，与伊斯兰教建筑的传统装饰风格相呼应。中心位置的孔洞是一个光学物镜，可根据光线强弱调节光阑，就像一块机械控制的遮阳板。

上图和129页图
让·努维尔等，阿拉伯世界研究中心，窗格正面与细部，1987年，巴黎，法国

建筑的半月形部分沿河岸线弯曲，全玻璃幕墙的立面由绘制精巧、嵌入可调节感光圈的面板组成。整个立面如若无物，但亦非一览无遗。

圣地亚哥·卡拉特拉瓦

他是工程师派建筑（埃菲尔、马拉尔、奈尔维、莫兰迪和弗莱）的当代演绎者，他们注重建筑构造的品质，而不是单纯满足结构力学的需求。卡拉特拉瓦（1951年）是西班牙人，先后在法国和瑞士求学。

在巴塞罗那、巴伦西亚、塞维利亚、毕尔巴鄂、都柏林、雷焦艾米利亚和威尼斯，都可以看到他设计的独特的巨型支撑拱结构桥梁，有时，他会将桥梁倾斜，以密布的柱体和斜索网支承钢筋水泥板的桥面，从而凸显结构的大胆。他为多伦多设计过一条步行长廊（1992年）；他以高耸的立柱支承复杂的格网结构穹顶，作为里斯本的东方火车站（1998年）的顶棚；他为苏黎世设计的火车站拥有丰富的垂直层次。法国里昂高铁站（1994年）也是他的作品：大厅形如一只巨大的雄鹰，屹立于列车廊道的延伸段上，廊道顶棚为钢筋水泥结构；毕尔巴鄂机场航站楼也同样采用了鹰的造型，而他建造的巴塞罗那通讯塔如同一条正托起天线的眼镜蛇。此外，巴伦西亚科学城以及雅典奥林匹克公园（2004年），皆出自卡拉特拉瓦之手。

他用夸张的维度、结构和规模实现对形态的创作，这种独特个性化的语言可以追溯到西班牙历史上结构创造最鼎盛的两个时间节点：华丽哥特式与高迪时期。

这些无色或白色的鬼斧神工之作，成为都市景观中最具辨识度的元素。

131页上图
圣地亚哥·卡拉特拉瓦，科技馆，1996—2001年，巴伦西亚，西班牙

他为家乡设计了一系列的建筑，组成了这座科学城：用各种充满想象力的模块构建起一座座白色建筑。

131页下图
圣地亚哥·卡拉特拉瓦，桥梁，2002—2007年，雷焦艾米利亚，意大利

卡拉特拉瓦建造了属于一个系列的三座抛物线形大桥，设计与结构的极致性已然超越了桥梁单纯的功能性，成为一道令人叹为观止的风景线。

左图
圣地亚哥·卡拉特拉瓦，高铁枢纽，1994年，里昂，法国

伸长的火车廊道和雄鹰展翅造型的乘客大厅组成了这件作品。该建筑的规模显然超越了本身功能的需求，只身独占整片风景。形态统一的细密支架凸显了建筑的结构特质，体现出建筑师独特的语汇。

传统与新理性主义

后现代主义的风潮如昙花一现，不同流派的建筑师们通过各种形式来诠释与传统的关系。拉斐尔·莫内欧设计的建筑富有强烈的古典意蕴。经历了早期圣塞瓦斯蒂安城充满风格元素的住宅设计之后，他的作品被赋予庄重沉静的魅力，例如罗马罗尼市政厅（1993年）重叠的敞廊式立面，可谓体现古典比例的一件杰作。他最知名的、也是最具标志性的作品当属位于西班牙梅里达的罗马艺术博物馆（1982年）——偌大的砖拱廊大殿好似古罗马时代的引水渠或温泉浴场。这种风格出现在莫内欧的诸多作品之中，直到圣塞瓦斯蒂安的库塞尔音乐厅和会议中心（1999年）的出现打破了惯例，在那里，可以看到两座表面半透明的建筑物面朝大海微微倾斜。古典新理性主义风潮中最出众的人物要数提契诺的马里奥·博塔，他的作品以明确的几何形著称，采用基本形状，再以砖、石一类的坚硬材料凸显这种造型感。为此，博塔建筑的门窗都被向内后推，立面上只可见对称排列的墙面切割线，以及能让人联想起象形文字元素的图案。

左图
拉斐尔·莫内欧，罗马艺术博物馆内部，1982年，梅里达，西班牙
　　受馆内历史展品与考古遗迹的影响和启发，博物馆被设计为一个与古罗马浴场大殿或蓄水池相似的古典空间，巨大的立柱和砖拱（但只有表层是砖）矗立其间，对光线的切割同样烘托出古典的意境。

对墙面的处理主要考虑光线的折射，或通过改变砖块的方向，或利用双色效果。有时候，他会嵌入轻巧的金属藤架或天棚。瑞士史特毕欧的圆柱形住宅是他的第一件具有纲领性意义的作品，之后设计的多栋几何线形别墅无不以此为基础。除了在东京的画廊，在里昂的图书馆，他还设计了旧金山当代艺术馆以及米兰斯卡拉剧院的改造项目。而在瑞士蒙哥诺、法国埃夫里、意大利的塞里亚泰和都灵都有他建造的教堂；他的建筑语言，对材料的选择和光效的应用也被带到了特拉维夫的犹太教堂中。

在意大利，古典语境可以找到它最优秀的解读者：吉诺·瓦莱和他的威尼斯朱代卡岛别墅，或是弗朗西斯科·维内奇亚与他优雅简约的西西里岛萨莱米和吉贝利纳博物馆。维多利奥·格雷戈蒂在他的国内外多个作品中以多种不同的方式诠释新理性主义。

上图
马里奥·博塔，现代艺术馆，1995年，旧金山，加利福尼亚州，美国

这是博塔的代表作之一：坚硬的砖石外壳从中线上一剖为二，突出建筑的中心对称感，切口之间竖立起表面绘有黑白图案的斜切面圆柱中庭。建筑师在他所有作品中都用到这种语言，在这里更被发挥到了极致，成功地将建筑的功能性与规模性融于一体。

能将浓郁的古典气质与严格的几何图形和鲜明的形象艺术和谐相融的只有奥斯瓦尔德·马蒂亚斯·翁格尔斯的作品。他的建筑造型立体、坚实且对称，犹如罗马帝国时期或样式主义建筑，也不乏申克尔建筑的影响。有的是基础图形平面的大规模建筑，如柏林大酒店这样一座被正方形高围墙圈起的圆形建筑；有的是像不来梅职业学校那样的长"U"形平面建筑，带一座双层玻璃屋顶的庭院；也有重合了多种元素的大型建筑群，比如科隆南部的瓦尔拉夫·裏夏茨博物馆和格伦佐街区、恩斯赫德学生宿舍等，它们像城市一般错综复杂，或貌似大规模的考古遗址。设计者小心翼翼地在几何形格网图上把各种元素集合在一起，结合荷兰的波罗的海传统，重复使用色彩对比强烈的小模块（白色的门窗对比深色的砖墙或缸砖墙）填充巨大的空间或布满整个平面，时而用砖石或玻璃幕墙营建三角楣、钟楼和坡屋顶。无论是他的单体建筑还是整体建筑群，承载的内容都十分丰富：基本形状的几何体、玻璃走廊和大型对称结构，伴以建筑构件的残片和意想不到的立体变形，在此齐聚一堂。翁格尔斯善于将重复的多元素模块应用于大型几何体，这种表面处理技艺也正是他的特质所在。矶崎新的形象格外复杂——他早期的粗野主义风格师承丹下健三，而作为新陈代谢派的成员，他的结构设计也尤为大胆：例如大分县医学会堂（1931年）和岩田的女子学校（1964年）。尔后，矶崎新转向古典主义与新理性主义风格，对克劳德·尼古拉·勒杜及其建筑满心钦慕，在很多作品的设计中都可以看到他把勒杜的管状、柱状和球形建筑与抽象艺术和日本绘画糅合在一起。他的作品也受到帕拉迪奥的影响，如富士见俱乐部中的波亚纳别墅（1974年）和筑波广场（1993年）。在筑波中心的下沉式广场上，他借鉴了罗马坎皮多里奥广场的地面设计。

上图

奥斯瓦尔德·马蒂亚斯·翁格尔斯，艺术宫博物馆，2001年，杜塞多夫，德国

博物馆由两座相邻的建筑物组成，严格按照几何模式设计，一边呈直线形，另一边为半圆形，且对比明显。一座是有着白色基座和白色窗格的黑色建筑，另一座则是白色，虚实相间的模块在两座建筑的表面有规律地排列，与楼内的天花和地板设计相呼应。

矶崎新将立方体结构格网作为建筑内部的几何中心，以并排放置或旋转的立方形组成整个建筑群，群马县美术馆（1974年）和洛杉矶的现代艺术博物馆便采用了这样的布局。半圆穹顶（仍源自勒杜）和几何形刻线的盲墙，或大面积的小方格玻璃幕墙在这里重叠：凹角处还被置入波浪纹的墙面。有时，结构格网清晰可见，以至延伸到纯粹几何的建筑墙面上，就如神冈市政厅（1978年）；有时，它甚至成为一种纯空间结构，建筑的概念灵魂似乎已昭然出窍，沁入空间之中，就像京都音乐厅方案。他一贯的新理性主义语汇一路渐趋丰满，其中不乏对罗西、翁格尔斯、迈耶等的借鉴和巧妙运用。在后来的作品中，他放弃了对精确结构格网的执着，设计出重叠凸面元素的高层建筑以及椭圆形平面的密实型建筑，比如奈良会议场（2004年）。

阿尔多·罗西后期的风格也走向纯粹的新理性主义，建筑形态呈极致几何化趋势，同时仍保留了一些后现代主义的痕迹，比如大型三角楣的使用。他的作品拥有严格的几何形体、光滑的建筑表面以及简洁的元素。他设计的米兰格拉拉特塞住宅（1974年）是一座白色长矩形房屋，所有功能区都被包含在一个完整延续的建筑外壳之下，下方是一个两层楼高的柱廊，凹窗与门廊朝向相同。在摩德纳的公墓（Modena，1980年）项目中，他设计了一个巨大的红色立方体，以此隐喻逝者之城；在热那亚的卡洛·费利切剧院中他再度使用同一种手法，将大厅比作一座广场，剧场的楼厅就面向这座广场，楼厅的外侧更是被设计成建筑外立面的模样。威尼斯世界剧场（1979年）的设计集稚气与诗意元素于一体，在一个筏式基座上，建筑师搭起一个优美的平行六面体，再在上面叠放一座有着金字塔屋顶的八角形小塔楼，塔顶上的小旗迎风飘扬：这是一件可移动的临时作品，也是一次反建筑的设计。

上图

矶崎新，音乐厅外景，1994年，京都，日本

这件作品充分展现了矶崎新丰富的建筑语言以及他对立体造型的把控力。由多个立方体重合而成的内部格网结构冲破了轮廓线的限制，将建筑物的内部与外部连接起来。在另一侧，可以看到一座由平行六面体与截锥体重合构成的建筑物，其表面做水平线处理。

理查德·迈耶

新理性主义旗帜最鲜明的人物要数理查德·迈耶，他个性化的建筑语汇中充满了金属结构、方格镶板立面以及大片小玻璃方格组成的简洁的楼体、隔断、藤架和顶棚，且全部严格统一为白色。其建筑形态萃取自勒·柯布西耶、理性主义和风格派的作品，也受到极简主义的影响。这种语言在迈耶的每一件作品中进行重新组合，各种元素虚实相间、错落有致地相互接合，不受建筑类型的束缚。从美国到整个欧洲，他的建筑设计获得了国际级的认可。美国哈伯斯普林斯的道格拉斯住宅（1973年）坐落在一片树林之间，俯视整个密歇根湖，是一个预制件结构的全透明建筑。除了一些常规作品，迈耶的海牙市政厅及中心图书馆（1996年）项目也颇有意思，那是一座巨大的立体室内广场，广场四周的办公室纷纷面向广场作内倾状。他的洛杉矶盖蒂中心（1997年）是一座集办公楼、学校、实验室和公共花园为一体的建筑综合项目，为顺应丘陵的地势，建筑的排布被分为多个层次，其中包括一片环广场而建的博物馆建筑群。在这里，除了建筑师一贯的全白色建筑，还出现了用石灰华建造的无窗塔楼，让人不禁想起意大利圣吉米尼亚诺的景致。而罗马千禧教堂（2003年）的造型更为与众不同，教堂的大殿由三片球面薄壳结构以及一个矩形内殿组合而成。还是在罗马，他设计了和平祭坛的罩壳（2006年），该外壳设计甚至比古罗马纪念性建筑本身更为抢眼。

137页上图
理查德·迈耶，千禧教堂，2003年，罗马，意大利

这座教堂为纪念千禧年而建。迈耶的白色结构格网，从墙体、隔断到柱体，表面均为方格设计或装有方形窗格，三重球面薄壳结构渐次分割教堂的大殿。在这里，建筑师通过对外部形态的研究来展现自由"教堂"的主题，十分考验建筑师的结构功底。

137页下图
理查德·迈耶，现代艺术馆，1995年，巴塞罗那，西班牙

该建筑占据了新广场的核心位置。两侧造型曲折的翼楼与建筑主体部分（全玻璃幕墙的外立面上装有一些双色板）相连接，与之对应的门厅是一个全挑高的空间，明亮且有丰富的立面变化。

左图
理查德·迈耶，盖蒂中心中央广场，1997年，洛杉矶，加利福尼亚州，美国

在博物馆建筑群中央的广场上，除了可以看到建筑师一贯的白色的方格玻璃建筑，还有用石灰华建造的无窗塔楼，效仿了圣吉米尼亚诺的城市建筑。广场中心设有一处大型喷泉，取自意大利常见的广场设计形式。

解构主义建筑

　　1988 年是见证解构主义诞生的一年。伦敦泰特现代美术馆举办了一次关于解构主义的讨论会，短短数月后，菲利普·约翰逊在纽约当代艺术馆策划了一场"解构主义"建筑展，他本人也是 1932 年国际主义风格建筑展的组织者。此次活动展出了几位建筑师 1980 年后完成的作品，他们的语言风格各有不同，但设计理念的本源可划归一处。解构，也就是将建筑分解至其部件元素，其中有结构元素——立柱、墙体、窗体、钢筋水泥板，也有空间元素——因为部件单元再也无法辨识。荷兰的风格派、康定斯基的抽象画派和俄国构成主义的影响不言而喻。这也是一场对文化的解构，标志着"古典主义的终结"，传统已无从识别，近代文化亦然；于是乎，能够体现大都会的喧嚣、计算机世界和先锋派应运而生。

左图
彼得·艾森曼，小泉石原公司办公楼，1990年，东京，日本

　　图为建筑立面细部图，不同类型的规则几何形结构互相重叠，同时，受苏联构成主义的启发，建筑师以"解构"的形式让这些几何结构无规律地虚实交替出现。

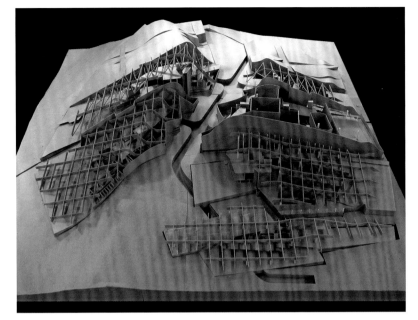

除建筑之外，法国哲学家雅克·德里达的解构主义还影响了文学、伦理学与政治学等领域。其哲学属性本身让这场运动带有鲜明的乌托邦烙印，倾向于以极致化的方式促进作品的流传。而个人的语言决定了如何将被"解构"的部分进行重新组合，这势必要求设计者加强个性化的特质，从而使自己作品更具辨识度和感染力。因此，在同一名义下出现了多种截然不同的派别（或许若干年后评论界能找到更好的方式进行区分）。

彼得·艾森曼是一位建筑师、作家、教师。他是美国人，也曾在剑桥师从斯特林。在一次意大利之旅中，他为特拉尼设计的法西奥大楼所深深震撼，并进行深入研究，尤其针对以不同形式拆解和重组的结构格网。在早期的独户住宅项目中，他用自己的方式将虚实相间的平行隔板组合成醒目的白色结构。在他的设计中，多重几何形格网以不同的倾角扭转并重叠，墙板与彩色板穿插其中，就如位于柏林的 IBA 住宅（1985 年）。随后，解构之风席卷整栋建筑，经过旋转或水平倾斜的几何体被重新组合起来，又或是像经历了一场地震那样被再度拆解，比如东京的小泉石原公司总部大楼（1990 年），如布谷东京总部办公楼（1992 年）更是如此。

近年来，对形态的破坏、分解和重组的研究已经开始向低层多楼体组合式的大体量建筑上蔓延，其中的每一个楼体都是片段式的、与众不同的，并以独特的色彩加以区分，不同高度的屋顶鳞次栉比，仿佛连成一片起伏的大地。在该趋势下涌现的作品，有哥伦布会议中心（1993 年）、罗马千禧教堂（2000 年）、圣地亚哥 – 德孔波斯特拉文化城（2006 年），以及位于柏林的犹太人浩劫纪念碑（2005 年）。在那里，建筑师将 2700 块不同高度的混凝土板密集地覆盖在一座广场上，形成一道波浪式的景观。

扎哈·哈迪德

　　伊拉克裔英国女建筑师扎哈·哈迪德有着独具一格的解构主义语汇。她是一位画家、建筑师，也在大学授课。深受至上主义绘画的影响的扎哈凭借一幅未能最终建成的区域规划图，在香港山顶俱乐部的设计竞赛中，从500多位竞争者中脱颖而出摘得桂冠（1983年）。她的设计充满流动性，辐射状律动的轮廓线与自由的结构体在空间中恣意挥洒，又有流水般的线条或波纹在此互相追逐，互相靠近或重叠：她的建筑构想恰如流体动力在空间中的物化。

　　德国的维特拉消防站和位于莱茵河畔威尔城的州园艺展览馆（1999年）是她早期落地的作品，那里有延展的几何体、曲线形的平面与倾斜的墙壁：这样的建筑形态与环境融为一体，但又摆脱了地域及功能上的限制。在其此后的惊世之作中，建筑师已不再满足于对轮廓线条的构建，而是追随或引导结构体在空间中的流向，她绘制出繁复而有机的全新形态，就像奔腾的海浪在一瞬间被定格，再在光滑的表面（用水泥、金属或造型树脂等材料）上不规则地开凿出造型独特的窗口。她的作品不可胜数，从意大利的阿夫拉戈拉火车站到罗马现代艺术博物馆，从莱比锡的宝马汽车公司中央大厦（2005年）到德国沃尔夫斯堡科学博物馆（2005年），及至维也纳的斯皮特劳公寓（2005年），还有世界各地正在筹建的工程项目，如意大利撒丁岛古代建筑和当代艺术博物馆（2008年），至此，建筑已然超脱了形态的局限或可实现性，抛却了结构属性，化身一件大规模的立体雕塑作品。诚然，也有批评者指出，她的作品具有强烈视觉冲击与独特造型，但毫不顾及建造与管理成本，也不考虑实际使用上的困难。

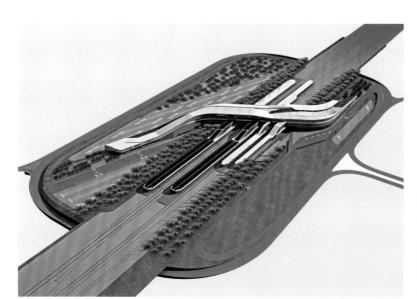

左图

扎哈·哈迪德，阿夫拉戈拉高铁站设计，那不勒斯，意大利

　　建筑师依循横越铁道的流线设计出"S"形的车站。用流线型的曲折结构体和表面的不规则起伏，演绎出建筑纷繁的动势，这座车站就像一幅曲线图，展示出万千乘客的流向。

扎哈·哈迪德，萨拉戈萨世博会桥，2008年，西班牙

这座世博桥由多条线路构成，建筑师有机地诠释了如何将一座封闭式桥梁变身隧道。金属板覆盖的桥体上有为数不多的斜开窗。

扎哈·哈迪德，罗森塔尔当代艺术中心内部，2003年，辛辛那提，俄亥俄州，美国

解构主义的空间是动态的，也是严密的，这里没有参照对象，也没有几何形状，无论是建筑外部还是内部都充满了动感与可以感知的丰富变化。

弗兰克·盖里

在一个以象征主义等为先导的图像时代里，涌现出一支建筑艺术家流派，弗兰克·盖里便是其中的佼佼者。他先将建筑分解为基础结构体——圆柱体、立方体和金字塔形的排列组合，并以不同色彩和（或）不同材质加以区分，以此摒弃了现代主义运动倡导的结构、形状和颜色的统一性。盖里早期的住宅设计正是如此，以圣塔莫妮卡自宅（1978年）为例，在一处千篇一律的别墅区中，它不仅形态出挑，更以不同寻常的居住品质而著称。他的演绎方式与加利福尼亚的当代艺术研究——波普艺术和享乐意义上的消费主义不谋而合，且在威尼斯的办公楼项目（1991年）中得以充分体现。建筑师与克莱斯·奥登伯格合作并受其超规格现成品艺术理念的启发，在入口处设置了一枚偌大的双筒望远镜。

后续的作品延续了之前的原则，但在体量上有所增加：位于布拉格和

下图
弗兰克·盖里，电影博物馆，1985年，巴黎，法国

这栋造型不凡的建筑物由并置的或互相嵌入的基本立体形状构成，是一座结构复杂的景观式建筑。与设计师一贯的风格有所不同，这件作品用色单一，没有突出的视觉焦点。因维护成本高昂，该楼已挪作他用。

德国的住宅形态都十分复杂，不同的几何形状互相嵌套或拆解，仿佛经历了一场地震，且不乏外凸的大窗框、造型大胆的顶棚和倾斜的柱子。在结构的复杂程度上，位于波士顿剑桥的雷与玛利亚史塔特科技中心（2006年）可谓更胜一筹，加之不同材料和色彩的使用，这座建筑更像是一片庞杂的建筑群。

在同一时期，盖里设计了毕尔巴鄂的古根海姆博物馆（1998年）及其缩小版——洛杉矶的迪斯尼音乐厅（2006年）。巨型的雕塑感建筑通体以金属幕墙覆盖，由重叠的无窗圆盘体互相嵌套而成，成为城市中一道标志性景观。

在解构主义的极致变革中，建筑的结构设定早已完全走出传统模式，正不断地激越和提升建筑形态及技术的发展空间。

上图

弗兰克·盖里，迪斯尼音乐厅，2006年，洛杉矶，加利福尼亚州，美国

该建筑位于洛杉矶的文化中心，与矶崎新的剧院和博物馆，以及莫内欧的教堂相邻，与加州广场，即新爱乐乐厅所在地相距不远。建筑师采用不连贯、不规则的形状打造了一个传统式的音乐厅，宛若一座具有城市规模的金属雕塑，刻意与周围的规则形态建筑形成反差。

毕尔巴鄂古根海姆博物馆

它是一次建筑历程的最终成果。以建筑分解至单个体量为伊始，就如纽黑文精神病研究院（1989年）和布伦特伍德的西内勃住宅区（1989年），再对这些被拆解和分割后的体量进行装配组合，就如威尔城的维特拉博物馆（1989年），而在此期间尚需借助计算机完成一系列庞杂的结构研究方能化为现实。它是盖里职业生涯中的巅峰之作，如同一件严丝合缝的巨型雕塑，占据了整幅风景画的中心。无论是形态、规模还是流光溢彩的外表，都足以让它成为一座城市的象征，也足以让它所在的城市蜚声国际。向外延展的建筑物逐渐融合于周边的广场、运河和老街之中，也改变了这片城区的面貌。与错综复杂的外部造型相对应的是建筑内部各展厅之间纵横交错的空间布局。

下图
弗兰克·盖里，古根海姆博物馆外景，1998年，毕尔巴鄂，西班牙

计算机的使用让如此庞繁的建筑设计成为可能。看似毫无逻辑关系的建筑实则传情达意且引人入胜，可以说是一次对西方当代社会的诠释和描绘。该建筑有着城市的维度，它横跨道路两侧，将部分运河纳入其中并生成两处广场。

145页图
弗兰克·盖里，古根海姆博物馆外部细节，1998年，毕尔巴鄂，西班牙

丹尼尔·李博斯金

　　与哈迪德一样，波兰建筑师李博斯金早期也曾与库哈斯共事。最初，他用复杂的设计表现线条的持续运动，并借助斑痕以及无实际功能的结构来加剧这种运动。1987年，李博斯金设计出一座长450米、形如巨墙的建筑物，在柏林"城市边缘"住宅设计竞赛中获得第一。但他的成名之作却是1998年落成的柏林犹太人博物馆：锯齿状的平面形似一道闪电，这个名为"火线"的结构设计作品先后在日内瓦（1987年）和米兰（1988年）展出。这座直线形的建筑包裹着光亮的金属幕墙，表面的窗切口如同一道道裂纹、抓痕或伤疤。建筑内部好似一条隧道，在反射光的烘托下更添几分神秘感。李博斯金的成功还得益于他的另一些设计，比如他的解构主义几何学，几乎已经成为博物馆新形象的代言者：位于曼彻斯特的帝国战争博物馆（2003年）由一座低矮的拱顶建筑连接一座不规则四边形塔楼组合而成，周身无一处开窗；多伦多的皇家安大略博物馆（2007年）由交相嵌套的斜置棱柱体构成，侧面可见巨大的裂口；还有丹佛艺术博物馆（2006年）、哥本哈根的丹麦犹太人博物馆（2004年）以及位于特拉维夫的胡尔中心。

下图
丹尼尔·李博斯金，犹太人博物馆鸟瞰图，1998年，柏林，德国

　　通体均匀覆盖金属幕墙的矩形体建筑有着锯齿形的平面，像一道闪电，又像一团火焰。立面上的窗切口犹如一条条伤口或伤疤，充满了象征意味。正是这件作品让李博斯金蜚声世界。

上图
丹尼尔·李博斯金，皇家安大略博物馆，2007年，多伦多，加拿大

　　建筑师诸多博物馆设计作品之一，继柏林犹太人博物馆之后的又一力作：建筑的诗意源于对各种几何图形创造性地排列组合，又通过使用同一种材料合而为一。在这件作品中，李博斯金采用了不同以往的立面切割处理，让我们可以看到建筑的内部结构。

极简主义

极简主义建筑从静谧与秩序感中汲取灵感，追求内心的平和，以此抵御都市的混沌、过度的交流与嘈杂。作品中的形状数量被减少，各种元素被简化，以期用最少量的工具寻找表现力的平衡状态。最终造就了与天地相融的建筑作品，也与大地艺术的研究息息相关。

它的力量并非来自形象的爆发力、结构的纷繁错综或海量的引经据典，而是源于少而精的甄选。世界上有多个学派秉持这一态度，同时各派之间又互有不同，从日本到葡萄牙，甚至一些来自发展中国家的尚不为人熟知的建筑作品，如埃及或巴西。

这场当代建筑运动因其属性特征，即便是最杰出的作品也与时尚或魅惑无关，所以在当代建筑界少有人问津。日本建筑师安藤忠雄（1941年）是其中的代表人物，他是小规模空间的诗人，善于通过禅文化将建筑与自然糅为一体。他在建筑周围植入水系，作为与土地的区分符号，也代表纯洁和静思，并让光成为与形状互补的主角。安藤的作品中几乎只有清水混凝土、模块板、外露结构和十字形窗，不添加任何装饰。他无疑是光的大师，光线透过他设计的特殊切口射入，让墙面、外立面和室内空间在这光影中震颤。

他受过勒·柯布西耶和路易·康的影响，也熟悉索尔·勒维特的极简主

左下图
安藤忠雄，美术馆细部，1994年，京都，日本

当你进入一个地下空间，沿途可见名画的复刻品，你也无须言语，因为只能听见两道瀑布欢腾的水声。无须考虑此行的实际目的，除了体会艺术在这世上的存在感，便是在艺术的熏陶中细细冥想。

右下图
安藤忠雄，水之教堂，塔娃，日本

安藤忠雄的建筑原则在此得以集中体现。一座风格简约的建筑，门前有一片宽阔的池水，裸露的围墙只围住两边，四下树林环抱。

义风格与贫穷艺术中的雕塑作品。同时，在他的作品中还能感受日本书画符号和中国明朝文化的浸染。然而，他的作品又极具个性化，如今业已自成一派。他为神户设计的风之会堂（1986年）——不限定宗教祭礼，是一座一半封闭、一半向草坪开放的小规模建筑，带一座简洁的钟楼；北海道塔娃的水之教堂（1988年）门前有一汪清浅的池水；茨城的光之教堂（1989年）体量极小，阳光透过圣坛后面的墙体上留下的十字形开口渗透进来，形成著名的光之十字。

在他不计其数的住宅、庙宇和展馆项目中，我们有幸看到其中最为极致也最富深意的作品，即便它们不是最著名的，比如京都美术馆和青森艺术学校（2004年）。前者位于一个地下空间，缓步而下时只听得墙面瀑布流水之音；后者则是林中的静谧所在，建筑师在环形的建筑中央掬起一塘池水。这种探索方式也引导安藤忠雄去设计完全的地下建筑。

但是，西班牙塞维利业世界博览会（1992年）上的日本馆颠覆了建筑师的研究进程，在这里，他用木檩条结构构建出一座传统庙宇式的建筑。他对极简主义的这番诠释植根于日本本土文化，深深影响了一大批建筑师。

其中，我们至少应该记得纽约当代艺术博物馆扩建项目（2006年）的主持者古口吉生，他有一种能力可将简约化的形态引入大规模建筑的设计中。

极简主义：葡萄牙

葡萄牙的极简派在波尔图得以发展，从费尔南多·塔沃拉到阿尔巴罗·西萨·维埃拉，再到艾德瓦尔多·苏托·德·莫拉，未有间断。费尔南多·塔沃拉在葡萄牙传统建筑中有了新的发现，就此写下重要论述（《空间的组织》，1961年），让人们再度重视建筑工艺、细节和简约性的意义。从他早期的设计，如马特西诺斯网球馆（1960年）和圣玛利亚达费拉市场（1959年），到后期的作品中，无不体现这一关注点。阿尔巴罗·西萨·维埃拉师从塔沃拉，他不仅将自己对传统的诠释以及对奥德、阿尔托等大师的充分认知融而为一，而且十分擅长对城市或乡村环境的解读。他的建筑有一种近乎原始的质朴感，不加任何修饰，只有精致的细节。在他设计的独户民居中，可以感受到地中海民族的气息，也毫不避讳现代主义运动的影响。而在波尔多的建筑系（1985年）的设计中，阿尔巴罗则是以一系列小型立方体白色建筑组成教学区，同时借鉴了勒·柯布西耶早期作品中的元素，致力于打造极致简约的效果。在社会住房的规划设计中（这对葡萄牙而言是一个新课题），他为埃武拉马拉圭拉小区（1977年）设计的小型住宅楼与周边自然风景以及既有的建筑群落和谐相融。受到国际评论界的关注后，他的设计也走到了德国和荷兰。他为柏林设计了一座形式严谨的住宅楼（1979年），其中的弧度角和拱式门楣借鉴了表现主义的建筑元素。在荷兰的住宅项目中，比如海牙的施尔德斯维克街区（1989年），他根据荷兰的建筑传统以砖作为建筑的主要材料。艾德瓦尔多·苏托·德·莫拉遵循的亦是同一种原则，追求建筑与环境的高度契合。在最近的布加拉体育馆项目中我们仍能感受到这种坚持，建筑师利用两座山丘之间的天然坡度，嵌入一座颇具科技感的建筑，向人们展现了一件真正的杰作。

151页上图

阿尔德瓦·西萨·维埃拉，世博会葡萄牙馆，1998年，里斯本，葡萄牙

像世博会大门一般敞开的葡萄牙馆被构想为一顶抻开在两栋简洁建筑间的帐篷，穿过帐下的空地便可通向大海；设计轻盈的屋顶俨然超越了建筑对自然景观的影响。

151页下图

艾德瓦尔多·苏托·德·莫拉，布加拉体育馆，2004年，布加拉，葡萄牙

一座利用高科技建筑工艺打造的实用建筑，与强烈的极简主义语境相辅相成。两侧相对的阶梯座席依山而建。

下图

阿尔巴罗·西萨·维埃拉，建筑系教学楼设计图，1985年，波尔多，葡萄牙

建筑师选择建造四座近似立方体的建筑，而不是单独的一栋教学楼。他沿着山脚的边缘线进行排列布局，并采用地下通道的形式将各楼贯通。考虑到建筑物的用途，该设计中体现了理性主义建筑理论的深刻影响。

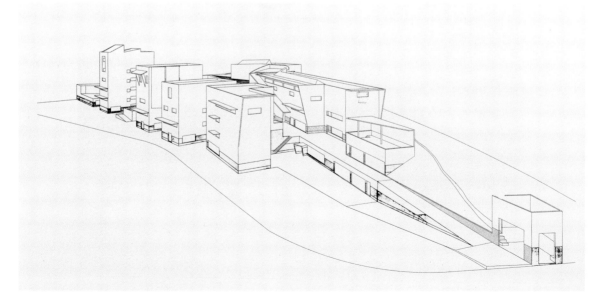

彼得·卒姆托

　　瑞士人彼得·卒姆托是极简主义建筑领域中离群索居的一员。他出生在一个木匠家庭，父亲自小教授他如何使用木材并认识其他材料。卒姆托的建筑体量简洁，为了强调质朴感与表现力，表面往往只采用一种覆盖材料。他怀揣着手工匠人的初心不懈追求，希望自己的建筑能够成为大自然中的一分子。他的考古博物馆（1988年）和位于库尔小镇的自宅兼工作室，通体以木檩条覆盖。瑞士的圣本笃教堂如同一枚木瓦板制作的小匣子，形态上富含象征寓意。

　　布雷根茨艺术馆（1997年）以玻璃幕墙覆盖建筑表面，使光线能够间接地射入展厅层；瓦尔斯温泉浴场则是一幢灰色的片麻岩建筑，建筑师运用借景手法尽揽山色入怀，又借助光线营造氛围，在这里可以感受到一股力量，让人心生宁静、自省吾身。

下图

彼得·卒姆托，1998年，瓦尔斯，瑞士

　　这是一座巨大的温泉建筑，建筑师设计了一个规则的立方体结构，打通相对应的两面。建筑的内部和外部完全以灰色片麻岩覆盖，凸显了结构体的坚实感以及材料的有形价值，呈现出强烈的效果。

左图

彼得·卒姆托，艺术馆，1997年，布雷根茨，瑞士

　　卒姆托的这件作品在设计竞赛中胜出，并于1998年建成。玻璃盒子似的艺术馆坐落于康丝坦斯湖畔，阳光可以透过玻璃照入四个展览大厅。

下图

彼得·卒姆托，圣本笃教堂及钟楼外景，瑞士

　　这座小教堂的比例与阿尔卑斯的牧场相得益彰，它通体以木瓦板覆盖，并根据当地的传统，采用了大量的象征符号。教堂的平面形似一条鱼，取自希腊语单词"Ikthus"（"救世主耶稣基督上帝之子"在希腊语中的首字母组合），而屋顶就像一艘船的水下部分，借指渔夫彼得。

享乐主义建筑

被解构主义中断的形象艺术传统与后现代带来的形式、色彩上的创新，打开一条通往充满娱乐性的建筑之路。原创性、唯一性不再是建筑作品的硬指标，但它们必须是非典型的，能够成为城市景观中最醒目的符号。形象艺术与设计中最浅显直白的图像元素因此备受追捧，已然超越了其他建筑要素，建筑也可以是昙花一现的存在。

全能型建筑师矶崎新是奥兰多迪士尼建筑（1991年）的设计者，他将一枚有着奇特顶棚造型的截锥体置于中心处，再在周围摆放一些或规则或不规则的立方体，色彩鲜艳的建筑物就像从漫画中走出来的那样，而爱奥尼亚柱头上的涡形纹则变形为米老鼠的两只耳朵。

荷兰格罗林郡博物馆（1994年）的建筑师亚历山德罗·门迪尼设计了一座由多个形态奇异的结构体组合而成的大型彩色建筑，它仿佛是宽阔水域中的一座岛屿，从周围环境中脱颖而出，要用远景才能感知其全貌。门迪尼带着同样的幽默风格，与其他建筑师合作设计了那不勒斯的多座地铁站。在

左下图

矶崎新，迪士尼建筑，1991年，奥兰多，佛罗里达州，美国

基本形状成不规则造型的立方体组合以及鲜艳、饱和的色彩搭配很好地展现出一个漫画的世界，单纯而愉悦。出于暗喻和娱乐性的考虑，矶崎新将一个低矮、巨大的爱奥尼亚柱头变形为米老鼠的一对耳朵。

右下图

菲利普·斯塔克，朝日大厦，1989年，京都，日本

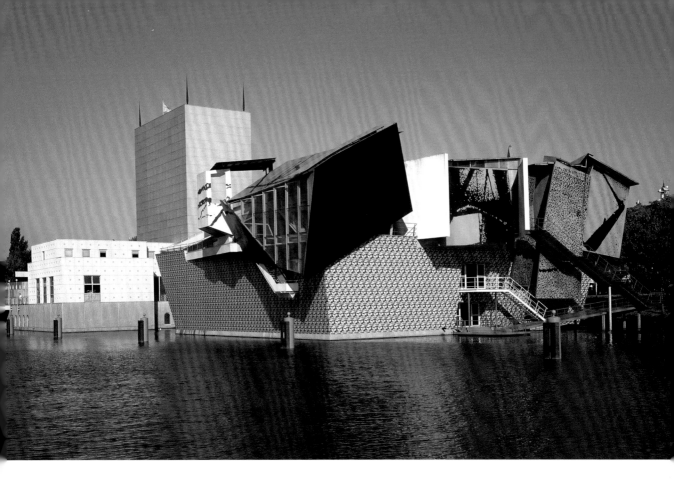

站内，乘客可以感受装置艺术的魅力；在站外，他们充分发挥和利用周围的空间，饶有意趣地实施改造。

菲利普·斯塔克是一位想象力极为丰沛的设计师，他参与了许多时尚类的改建项目，比如纽约和迈阿密的酒店，也设计了一些标志性建筑，比如东京的朝日啤酒公司大厦（1989年）——倒置的截棱锥、弧形的轮廓线、黑色的环状微型窗，还有屋顶上方像火焰般迸出的金色雕塑，如同一大杯带着泡沫的啤酒。在室内设计中建筑师借鉴了波普艺术的元素，环境色彩绚丽丰富。

我们很难预测这股时尚潮流的走向，因为这里的建筑已经摆脱了地域、历史和类型的束缚，更多地取决于设计师的个性发挥，取决于个别项目所产生的影响。

上图
亚历山德罗·门迪尼，格罗林郡博物馆，1994年，格罗林郡，荷兰

秉承了哲学家和艺术家们所青睐的"人工岛"的传统（从哈德良别墅到卢梭的住宅和沙皇的宫殿），收藏于这座博物馆中的艺术世界与城市的另一边有一水之隔。结合了波普艺术与流行面料材质的结构设计和色彩搭配，建筑本身已然是一件艺术品。

赫尔佐格和德梅隆

瑞士赫尔佐格和德梅隆建筑事务所是建筑新潮中最具代表性的成员。他们远离当代所有的潮流，将每一座建筑视为一个研究和创造的对象，追求形态、结构、工艺与材料的最佳组合，他们的每一件作品都是一次别出心裁的原创，只为引领潮流而生。瑞士巴塞尔铁路信号站（1995年）是几座全铜片"表皮"的六面体建筑，机械设备内部多为铜制，每块铜片都被弯曲成逐渐变化的角度，与开窗位置相对应。在纳帕山谷葡萄酒厂（加利福尼亚州，1998年）项目中，基于自然通风的需求，也考虑到建筑物所处的自然环境，建筑师们选用"石笼"（多作护岸之用）作为唯一的表面材料，盖起一座低矮的长条形建筑。东京的普拉达旗舰店是一座五边形平面的全透明（就像商店的橱窗）小型塔楼。不同于常见的矩形模块，该楼的整个外立面和金字塔楼顶均以大块水平排列的菱形模块组成，好似一座蜂巢。北京的国家体育场（鸟巢，2008年）设计更令人惊叹，赫尔佐格等建筑师们用看似无序的元素（很难界定究竟是柱体、桁梁还是风撑）有机地组成"鸟巢"的"外壳"结构，就像用细枝搭建的鸟窝，完全掩盖了体育场内部规整的布局。如此创造性的成果足以为建筑方法论谱写新的篇章，我们不能简单地将其归入一种建筑语言，因为它们已经完全超越了时尚的定义，有更多的惊喜值得我们期待。

157页上图

赫尔佐格和德梅隆建筑事务所，国家体育场，2008年，北京，中国

建筑师们选择一种技术手段和一个造型，并将两者发挥到极致。体育场的形状如同一个典型的"鸟巢"，建筑师们设计了一个有机的结构体，以看似无序的巨型"细枝"搭建而成。

157页下图

赫尔佐格和德梅隆建筑事务所，多明那斯酿酒厂，纳帕山谷，加利福尼亚州，美国

基于内部通风的需求，也考虑到天然材料带来的质朴感，建筑师借鉴水利工程中常用的铁丝石笼，创造性地发挥了这种低商业价值材料的作用。在他们所有的作品中，赫尔佐格与德梅隆总会选择一种技术手段，然后以最独特的方式应用到各类建筑中去。

左图

赫尔佐格和德梅隆建筑事务所，普拉达旗舰店，2003年，东京，日本

在东京的一条时尚之街上，这座建筑显得格外夺目。整个建筑表面以巨大的菱形模块构成，看似一座蜂巢。有部分玻璃幕墙并非平面，而是向外突出形成透镜的效果。透过全透明的建筑可以看到全白色的内部空间。钢筋水泥楼板不与外立面直接接触，充分保留了玻璃幕墙的延续性。

图片版权